高等院校设计学类专业精品教材

总主编　林家阳

版式设计与应用

Layout Design and Application

姜靓　编著

安徽美术出版社
全国百佳图书出版单位

图书在版编目（C I P）数据

版式设计与应用 / 姜靓编著．—合肥：安徽美术出版社，2016.8（2024.9 重印）
ISBN 978-7-5398-7127-1

Ⅰ．①版…　Ⅱ．①姜…　Ⅲ．①版式—设计　Ⅳ．①TS881

中国版本图书馆 CIP 数据核字（2016）第 165309 号

版式设计与应用
BANSHI SHEJI YU YINGYONG
姜 靓　编著

出 版 人：王 训 海　　策划编辑：朱小林　马子涵
责任编辑：朱 小 林　　助理编辑：陈露萍
封面设计：刘　　斌　　装帧设计：刘　斌
责任印制：欧阳卫东　　责任校对：司开江　陈芳芳
出版发行：时代出版传媒股份有限公司
　　　　　安徽美术出版社（http://www.ahmscbs.com）
地　　址：合肥市政务文化新区翡翠路1118号
　　　　　出版传媒广场14F　　邮编：230071
印　　制：三河市骏杰印刷有限公司
开　　本：880 mm×1230 mm　1/16　　印　　张：12.25
字　　数：355千字
版　　次：2016年9月第1版
　　　　　2024年9月第4次印刷
书　　号：ISBN 978-7-5398-7127-1
定　　价：69.00元

全国高等院校设计学类专业 创新课程配套教材

顾问委员会

尹定邦

广州美术学院副校长/原设计学院教授/博导/创始院长

中国设计教育改革资深专家

广州白马广告/集美设计工程有限公司董事顾问

盖尔哈特·马蒂亚斯 Gerhard Mathias

德国卡塞尔艺术学院(GHK)教授

德意志学术交流中心长期援华教授

中国设计教育研究专家

林衍堂

香港理工大学设计学院教授/博导

“中国设计研究工作室”总监

香港设计委员会顾问

官政能

台湾实践大学副校长/教授

实践大学设计学院创始院长

原台湾工业设计协会理事长

吴海燕

中国美术学院设计学院院长/教授/博导

中国服装设计师协会副主席

浙江省创意设计协会主席

娄永琪

同济大学设计创意学院院长/教授/博导

Cumulus国际艺术、设计与媒体院校联盟副主席

被芬兰总统授予“狮子一等骑士”勋章

内容简介

INTRODUCTION

《版式设计与应用》全书分为三章。第一章为版式设计的概述，主要介绍了版式设计的概念、沿革、发展以及基本原理和法则，并重点分析了版式设计的设计法则。第二章为版式设计的实训，是本教材的核心部分，为版式设计与制作的主要知识点和训练实践部分。本章以四个训练串起版式设计的全部教学内容，并通过基础网格、报纸设计、宣传物设计、网页设计几个方面的实践训练，完成版式设计的创意手法和实践操作技能的学习。第三章为版式设计的赏析，以三大板块划分，打破常规的视角，以从二维到三维再到四维的视野，全新看待版式设计这个领域。

虽然版式设计是一门基础性课程，但是它的设计触角可以延展到视觉传达设计专业核心课程，乃至其他设计领域的综合设计。本教材在指导学生全面了解版式设计宽泛领域的同时，提供更多最新、最前沿的案例，促使学生时刻思考版式设计的未来发展。

本教材全面讲解和分析了版式设计与制作的知识点和训练方法，并结合大量实际案例，强调设计流程，注重前沿探索，具有很强的适用性，适合高等院校设计专业师生使用。

序言

FOREWORD

作为中国设计教育改革三十年的见证者、实践者，我结合自己的留德学习生涯，对比了中西方设计教育，感慨颇多。在这漫长的三十年中，我们开过无以计数的中国设计教育战略研讨会，成立过无以计数的设计教育改革机构，也组织过无以计数的出境出国设计教育考察团；政府甚至也给予了我们巨大的支持：校区扩建了，专业庞大了，设备更新了，但教育质量提高了吗？没有！

原因在哪里？

我认为办好一所学校或学院，培养有用的设计人才，造就出政府和人民满意的设计师，最最重要的是解决以下三个问题：其一是我们要有好的老师，有经历丰富的、有阅历的、理论和实践并举的、有责任心的老师。只有老师有用，才能培养有用的学生。其二是有一批好的学生，有具有崇高志向和远大理想，具备厚实的文化知识基础，有目标和毅力的学子。其三是连接两者纽带的，具有理论和实践相结合的好教材。课程是学生获取知识能力的宝库，而教材既是课程教学的“魔杖”，也是理论和实践教学的“词典”，即通过得当的方法传授知识，让获得知识的学生产生无穷的智慧，使学生成为文化创意产业、产品走向市场的使者。这就要求教材本身具有创新意识。

本套教材包括设计理论、设计基础、视觉设计、产品设计、环境艺术、工艺美术、数字媒体和动画设计等八个方面的 50 部系列教材。本教材的体例和结构合理，从首章指明教学方向的理论，到第三章开拓学生视野的作品鉴赏，尤其是以实践、实训作为主体的第二章，以项目教学为主导，贯穿知识点教育，通过理论和实践加深学生互动体验，是行之有效的系统教学设计。该教材除了纸质材料，还有供老师使用的电子教案（PPT 课件）、供学生使用的图片素材库、以微课形式展现的教学视频等。

做对事首先要找对人，我们还约请了国内外大师级的学者和实践能手作为顾问团队，约请了 50 位国内有代表性著名高校的骨干教师组成编委团队。我相信，以他们所具有的国际化教育视野以及他们对中国设计教育的责任感，这套教材将成为培养中国“有用的设计人才”的典型范本。

教育部高等学校设计学类专业教学指导委员会副主任

同济大学设计创意学院教授 / 博士生导师　林家阳

2016 年 6 月

前言
PREFACE

版式设计是现代艺术设计不可或缺的组成部分，是视觉传达的重要手段。它被广泛地应用于书籍、报刊、招贴海报、商业广告、产品包装、企业形象、网页、UI、环境导向等所有平面、空间、影像设计领域。版式设计随着现代科学技术和经济的发展而兴起，同时也体现了文化传统、审美情趣和时代精神的传承。

版式设计的目的是创造清晰的条理性，方便读者阅读。版式设计讲究美感，充分借助艺术语言来修饰内容，给读者视觉上的美感，引发他们的阅读欲。 版式设计在传达某个具体的信息时，其视觉传达的各种元素（如标题、文字、图形、插图等）总是直观与具体的，但是不能把这种直观和具体解释为信息内容在版面中的简单罗列。版面应力求简单大方，让读者一目了然，瞬间捕捉到兴趣点。

然而，版面仅仅让人阅读是不够的，还必须设法打动读者的内在情感。版式设计就是为了使版式与所包含的信息一起进入到一种艺术的感人氛围中，使读者在阅读时受到感染，从而把阅读体验变成一种内心体验，把思绪自然地引入到文化或艺术的境界中去漫游、畅想。

本书重点讲述版式设计的历史、发展趋势及设计潮流，介绍版式设计的基本原理、形式法则、构成要素、文字的编排与设计、图形的设计与表达、网格的构成与整合等内容；注重教学实践环节，加深学生对版式设计的基本理论及方法的了解，对版式设计形式美表现法则及手法、流程的掌握；着重培养学生的设计思维能力，使学生能够完成具有信息传达力和艺术感染力的综合版式设计工作。

在注重技术与审美培养的前提下，本课程要求学生在立足中国传统文化的同时，结合国际化的视野，吸纳世界各民族的优秀文化元素，充分发挥自身的原创力，最终懂得设计也是为社会大众服务的一种责任。

姜 靓

2016 年 6 月

课程计划

CURRICULAR PLAN

<table>
<tr><th>章　名</th><th colspan="2">章节内容</th><th colspan="2">课时分配</th></tr>
<tr><td rowspan="3">第一章
版式设计的概述</td><td colspan="2">第一节　版式设计的概念及意义</td><td>2</td><td rowspan="3">6</td></tr>
<tr><td colspan="2">第二节　版式设计的沿革及发展</td><td>2</td></tr>
<tr><td colspan="2">第三节　版式设计的原理与要素</td><td>2</td></tr>
<tr><td rowspan="20">第二章
版式设计的实训</td><td rowspan="5">第一节　训练一
版式设计的基础训练</td><td>一、课程要求</td><td>0.5</td><td rowspan="2">作业 A
8</td></tr>
<tr><td>二、案例分析</td><td>1.5</td></tr>
<tr><td>三、知识点</td><td>2</td><td rowspan="3">作业 B
12</td></tr>
<tr><td>四、训练程序</td><td>3/7</td></tr>
<tr><td>五、国外优秀报纸版式设计赏析</td><td>1</td></tr>
<tr><td rowspan="5">第二节　训练二
单页广告的版式设计</td><td>一、课程要求</td><td>0.5</td><td rowspan="5">16</td></tr>
<tr><td>二、案例分析</td><td>3.5</td></tr>
<tr><td>三、知识点</td><td>4</td></tr>
<tr><td>四、训练程序</td><td>6</td></tr>
<tr><td>五、优秀海报版式设计赏析</td><td>2</td></tr>
<tr><td rowspan="5">第三节　训练三
折页、宣传册的版式设计</td><td>一、课程要求</td><td>0.5</td><td rowspan="5">28</td></tr>
<tr><td>二、案例分析</td><td>5.5</td></tr>
<tr><td>三、知识点</td><td>6</td></tr>
<tr><td>四、训练程序</td><td>14</td></tr>
<tr><td>五、国内外优秀出版印刷物赏析</td><td>2</td></tr>
<tr><td rowspan="5">第四节　训练四
网页的版式设计</td><td>一、课程要求</td><td>0.5</td><td rowspan="5">24</td></tr>
<tr><td>二、案例分析</td><td>4.5</td></tr>
<tr><td>三、知识点</td><td>4</td></tr>
<tr><td>四、训练程序</td><td>13</td></tr>
<tr><td>五、国内外知名网站网页版式设计赏析</td><td>2</td></tr>
<tr><td rowspan="3">第三章
版式设计的赏析</td><td colspan="2">第一节　二维平面中的版式设计</td><td>2</td><td rowspan="3">6</td></tr>
<tr><td colspan="2">第二节　三维立体中的版式设计</td><td>2</td></tr>
<tr><td colspan="2">第三节　四维时空中的版式设计</td><td>2</td></tr>
</table>

目录

CONTENTS

1

第一章 版式设计的概述

章节提示

本章主要介绍了版式设计的概念、沿革、发展，以及基本原理和法则。由于版式设计的发展影响了整个平面设计史的发展，所以很值得在这里阐述一下版式设计的发展历史。从东方的书籍发展到平面设计，从西方的艺术思潮发展到艺术设计，再到东方和西方的艺术交融发展，版式设计的发展史精彩至极。此外，版式设计既是一门艺术，又是一门技术，在了解了它的艺术发展过程后，也要了解它的理性秩序，这样才能更好地掌握这门学问。

1

第一节　版式设计的概念及意义

一、认识版面及版式设计

传统意义上，我们定义版面为书报杂志上每一页的整面，以及每一面上文字图画的编排形式。版面是书籍出版术语，指印刷好的页张，包括图文、余白整个部分。

在信息发展迅速的当今，版面已经不仅仅局限于书籍、报纸等纸质媒体。在现实生活中，我们几乎每天都在与版面相遇。当我们在阅读书籍杂志的时候，在聆听音乐的同时欣赏着 CD 封套的时候，在漫步街头与各种标识、字体、户外广告相遇的时候，在商场中选择琳琅满目的商品包装的时候，在打开计算机或手机浏览网页的时候，所接触到的都是版面的世界。版面也不再是

图 1-1　优秀海报设计

图 1-2　优秀杂志内页设计

静止不动的，移动电子终端、动态电子宣传屏等新兴媒体都赋予了版面动态的视觉效果。

版式设计，英文翻译为“LAYOUT”，意为在一个平面上展开和调度，既有平面设计方面的概念，又有空间等方面的任务和要求，是一门字体设计与图文整合的工作，就是将有限的视觉元素在版面上进行有机的排列组合，运用造型要素及形式原理将理性的思维富有个性化地呈现出来。设计师在进行编辑设计时，将文字、图形、符号、色彩等种种构成要素在一个个版面上进行有效的配置，最终使版面在具有阅读功能的同时更艺术化。所以说，版式设计既是技术设计，又是艺术设计。它是理性秩序与感性艺术的统一体，该项工作既涉及信息传递的结果，也决定作品的美学品质。

二、版式设计的意义

版式设计是现代艺术设计不可或缺的组成部分，是视觉传达的重要手段。它被广泛地应用于书籍、报刊、招贴海报、商业广告、产品包装、企业形象、网页、UI、环境导向等所有平面、空间、影像设计领域。版式设计随着现代科学技术和经济的发展而兴起，同时也体现了文化传统、审美情趣和时代精神的传承。

版式设计的意义是使版面产生清晰的条理性，方便读者阅读。通过不同的版式设计风格，读者能够区分不同栏目的风格与内涵。版式设计讲究美感，字体运用是否得当、颜色深浅是否协调、插图搭配是否合理等，都会影响读者的情绪和兴趣。好的版式让读者感到赏心悦目，自然就愿意多看。所以，版式设计要充分借助艺术语言来修饰内容，不仅给读者视觉上的美感，更重要的是引发他们的阅读欲。版式设计在传达某个具体的信息时，其视觉传达的各种元素（如标题、文字、图形、插图等）总是直观与具体的。但是不能把这种直观和具体解释为信息内容在版面中的简单罗列。版面应力求简单大方，让读者一目了然，瞬间捕捉到兴趣点。

然而，版面仅仅让人产生阅读的兴趣是不够的，还必须设法打动读者的内在情感。版式设计就是为了使版式与所包含的信息一起进入到一种艺术的感人氛围中，使读者在阅读时受到感染，从而把阅读变成一种内心体验，把思绪自然地引入到文化或艺术的境界中去漫游、畅想。

图 1–3　优秀网页设计

图 1–4　优秀 APP 设计

第二节　版式设计的沿革及发展

一、版式设计的早期形态

版式设计发展的历史应该从书写、文字的创造开始。从古代的原始绘画中可以看出，我们的祖先已经创造了各种各样的符号。有了符号，也就产生了布局、编排，这成为后来版式设计的因素。岩洞石壁上的绘画涂鸦、泥板或兽骨上刻写的象形文字，均可看出祖先们的编排意识。由于当时环境条件有限，书写材料得之不易，所以当时的版面基本放满了图形与文字，版式比较紧凑。

1. 中国版式设计的早期形态

据考证，我国最早的文字为甲骨文，它已经完全具备了汉字“六书”的六大构成类别，点画基本都由长短线互相配合构成，具有“方块字”很显著的特点。既然是“方块字”，就存在排列的方式，而这种方式可以被认为是早

图 1-5　不同时期的甲骨文

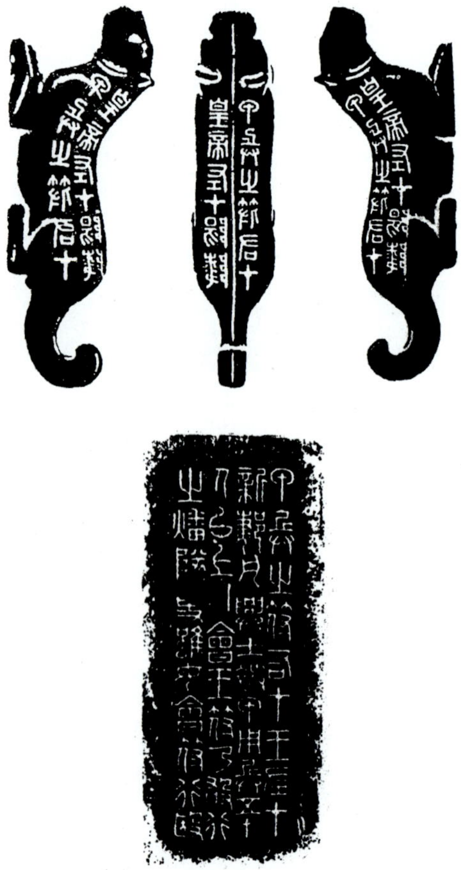

图 1-7　虎符

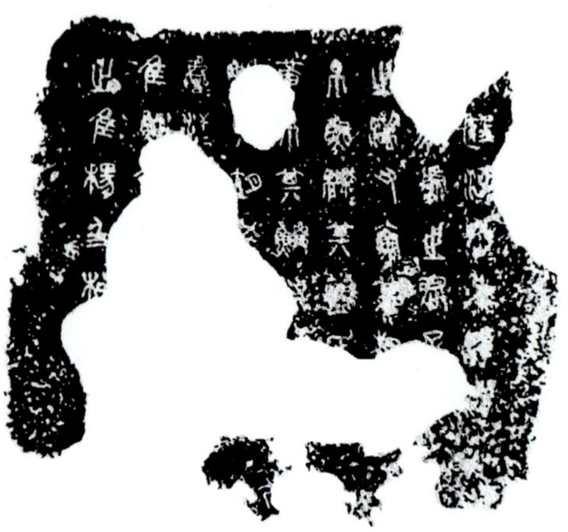

图 1-6　石鼓文

期的排版意识。这一点在甲骨文卜辞上可以看得很清楚。卜辞通常是竖写直行，下行而左，或下行而右。有一种考证观点认为，中国竖式书写的习惯来自于甲骨文的卜辞。竖式的刻写不是为了书写的方便，而是与占卜所得的卜兆相关，卜兆是“天”的旨意，以“天”为上而延续，形成这种竖式的排版形式。

除了岩画、甲骨文以外，在美丽的彩陶上也刻或写有陶文，先民们同样很注意陶文排列位置的空间关系。令人叹为观止的青铜器上的铭文，也称“金文”“钟鼎文”，这些大多记录重大事件发生的文字被先民们精心地编排在青铜器上。还有在石、玉、碑上写字或刻字，被称为“石文书”“玉文书”和“碑文书”的形式，如石鼓文《熹平石经》《侯马盟书》，都可被认为是中国版式设计的早期形态。

2. 西方版式设计的早期形态

在早期的两河流域，苏美尔人（Sumerian）很早就创造了利用木片在湿泥板上刻画的符号，这种符号就是楔形文字，这种文字在公元前 2000 年发展成熟。目前在不少重要的文物上可以看到这种文字，其特点是书写者运用一些线条将文字分割，使画面出现一种节奏上的变化。这也许是世界上对一个平面上各种要素进行分割处理的最早尝试。

一种在纸草上书写的文书被称为埃及文书（Egyptian Hieroglyphs），它对版式设计的影响最大，是现代版式设计的雏形。它有横式布局也有纵式布局，其中，内容文字是象形的，插画、文字的布局具有很强的装饰意味，对后世的平面设计，特别是版式设计影响很大。

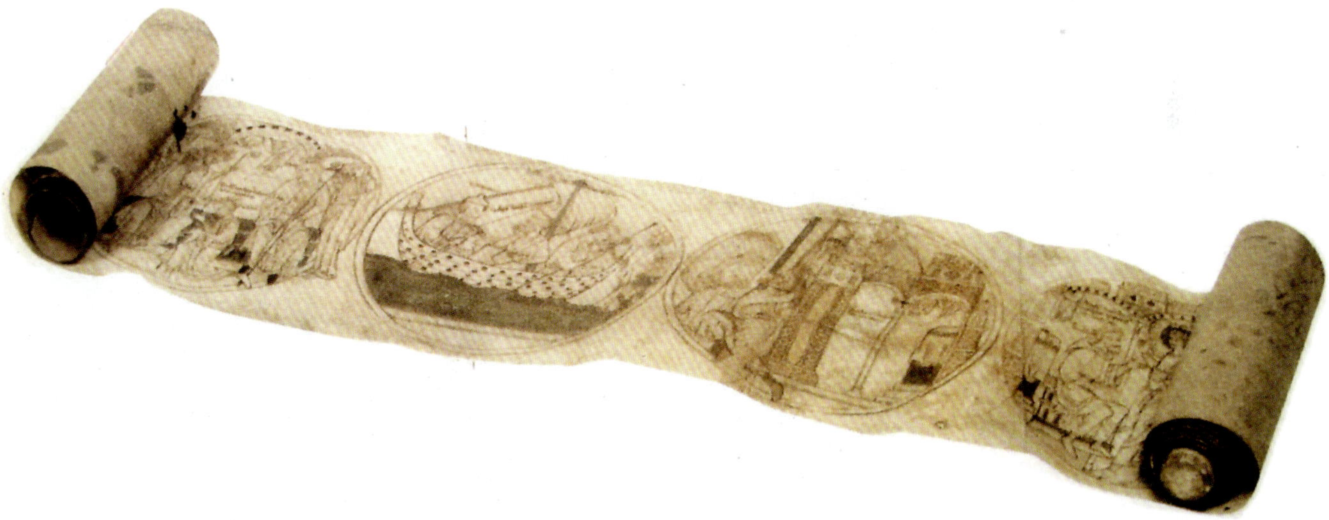

图 1-8　公元 1200 年左右的羊皮书
卷轴长 3 米，书中主要描绘 8 世纪初圣徒古特拉克的生活情景。

二、中国版式设计的发展与进程

1. 各时期书籍装帧形态下的版面

简册书是中国最早的正规形态书籍，其版面仍沿袭甲骨文、金文竖写直行、从右而左的形式。简竖长，书写时右手执毛笔，左手执简，一根简写完后，随即用左手放在右前方，再开始写第二根简，第二根简写完后，用左手放在第一根简的左方并列，依此类推。一篇写完后，就将并列的简编连成册，形成上下直行、自右向左的形式。简册上很多字都是“顶天立地”书写的，把简的最上端作为“天”，最下端作为“地”，接天连地地竖写直行，当时没有后来版面中提到的“天头”“地脚”，也还没有形成上下留有空白的审美观念。

在缣帛上写文章，古人称之为“帛书”。帛书的承载物是缣帛，缣是一种精细的绢料，帛是丝织品的总称。简册书盛行时期，帛书只是用来抄写整理好且比较重要的书籍。帛书与简册除了材质不同外，其版面也有很大的区别。帛比相同面积的简所写的字要多得多，而且可以一部分文字一部分绘画，甚至可以将写好的帛书与帛画粘贴在一起，使得版面更加丰富。可以说，帛书的版面已经开始有了图文并茂的形式。

帛书继承了简册书的版面特点，把简册书中两根简形成的自然隔线运用在版面上，出现了朱砂或墨画的行格，后来红色的被称为“朱丝栏”，黑色的

图 1-9 木牍

图 1-10 《钦定四库全书简明目录》四卷卷轴装，红木书盒。仿宋盘絛纹织锦包首，镶嵌青玉轴头，淡绿、浅黄双色绫天头，洒金笺引首，浅黄色绫隔水，海水江牙杂宝纹褾带，上端系青白玉别。

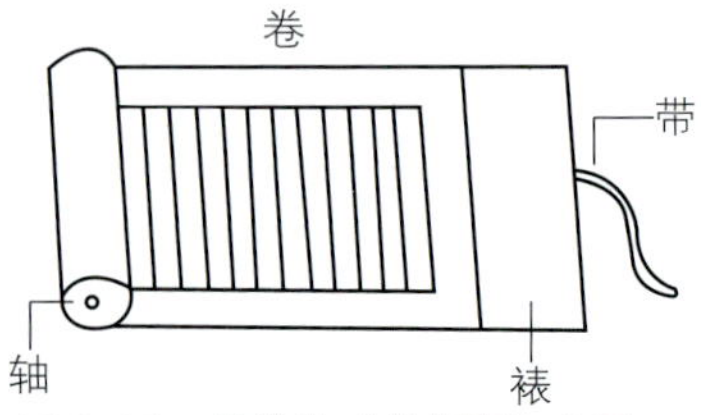

图 1-11 卷轴装书的版面示意图

被称为“乌丝栏”。帛书有了行格，字容易写得直，版面看起来整齐。

帛书之后陆续出现的卷轴装书、旋风装书、经折装书、梵夹装书的书写方式大体相似，虽然装订方式不同，但在版面上没有大的区别，均保持了竖写直行、自右向左的传统书写方式。

宋代是雕版印刷术的鼎盛时期，印本书的版式得到了充分的发展。蝴蝶装书、包背装书，乃至后来的线装书的版面形式受到印刷术的影响，秉承了“天人合一”的哲学理念，形成了完整的版式设计，它的竖写直行保持了从甲骨文开始的书写方式。“天头”“地脚”的形式第一次出现，高度概括了“天”“地”的传统观念，并且逐步规范化。帛书中出现的“朱丝栏”“乌丝栏”演变成界格，上下有界，左右有格，文字只能在格内书写和雕刻。界格对文字的限制蕴含有深刻的“天人合一”的观念。同时形成了版框，即“边栏”，又称“栏线”，也很重要，没有了栏线就没有了天头、地脚，也就无所谓限制了。也有一粗一细双线的称为“文武边栏”；上下单线、左右双线的称为“左右边栏”。版面中的耳子为“书耳”，用来记篇名。版面中像鱼尾的图形为边界，上下鱼尾称双鱼尾，鱼尾还分白鱼尾和黑鱼尾。

图 1-12　梵夹装佛经版面形式

梵夹装是中国书籍设计史中唯一一个“舶来品”。在隋唐佛学盛行时期，梵夹装形式的佛经大量流入中国，其形式大多为单页的梵文贝叶经，用纸张单面抄写或印刷后，用绳打孔串连，并用木板或厚纸等材质上下夹成，所以它的版面形式与其他书籍不太相同。

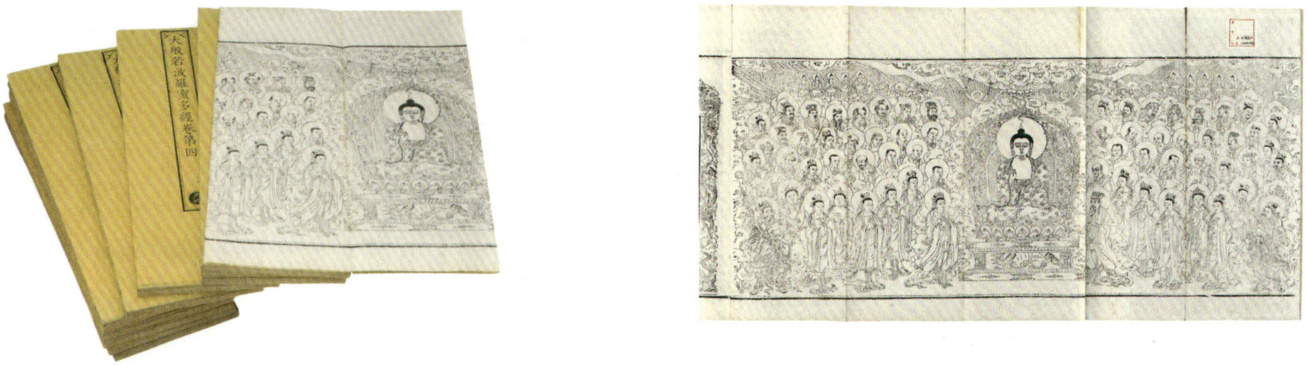

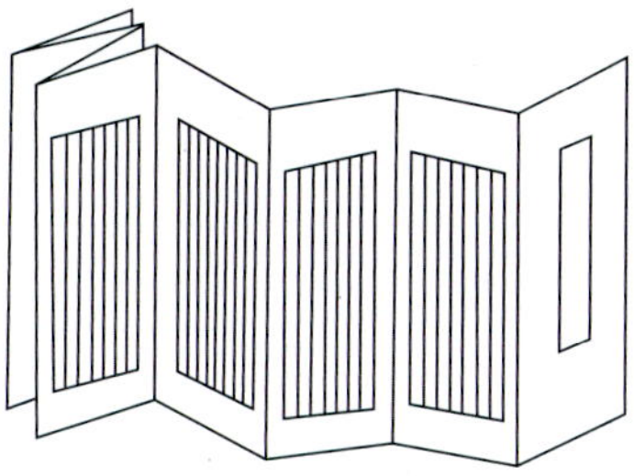

图 1-13 《大般若波罗蜜多经》——经折装书版面形式

宗教的盛行促进了书籍的发展，不同的书籍装帧形式呈现出不同的版面形式。经折装书基本秉承了之前的版面形式，它的连续性版面形式尤其体现在图像的呈现中。

上下鱼尾的空白部分称为“版口”，有黑口、白口之分。版心中上下各鱼尾到版框之间的距离称为象鼻，为折叠书页而设。

中国古人在天人感应的影响下，用《易经》的思维方式，“近取诸身，远取诸物”，以人为主，用近似于人头的形式创造出书的版面，这是一种文化行为，也是一种哲学思想。

2. 印刷术影响下的版面

众所周知，印刷术是中国的“四大发明”之一，它和平面设计，乃至版式设计有着密切的关系。现在存世最早的印刷品是中国唐代的《金刚经》。早在公元868年的印刷本，其版面中就已包括了文本、插图、标题三个基础部分，已经具备了版式设计的所有要素。中国也是发明纸的国家，历史记载了东汉时期的蔡伦发明造纸术，纸张的出现直接影响了书籍装帧的形式，同时也促进了中国早期版式设计的发展。

雕版印刷在宋代得到了蓬勃的发展，宋代的刻书逐渐形成了一定的版式风格，主要体现在字体、装饰栏线、刻工和序跋题识上。例如，宋浙本

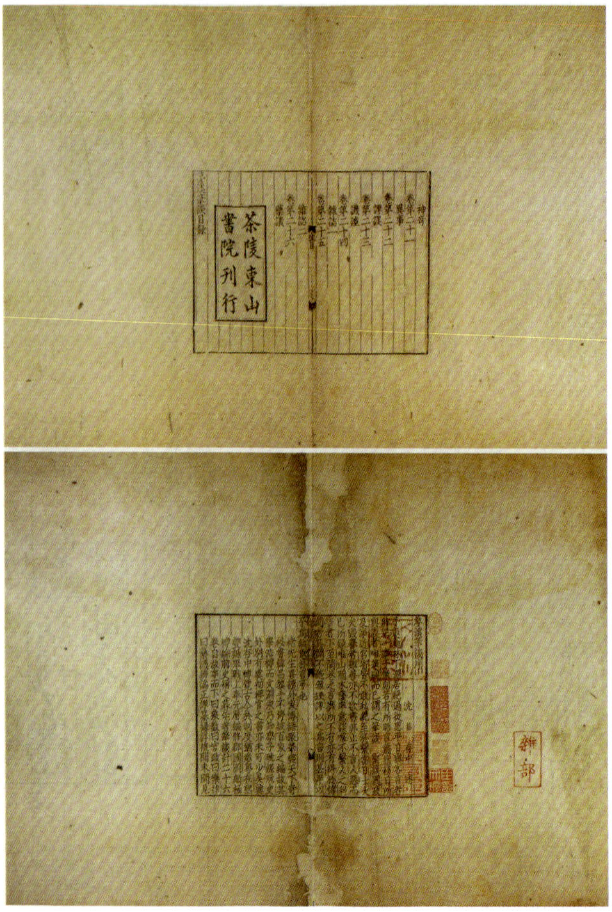

图 1-14 《古迂陈氏家藏梦溪笔谈》二十六卷

此本据南宋乾道本重刊，尚可窥宋本旧貌，亦为现存最早版本。书为蝴蝶装，开本宏朗，版心极小，形成独特的版面形式。

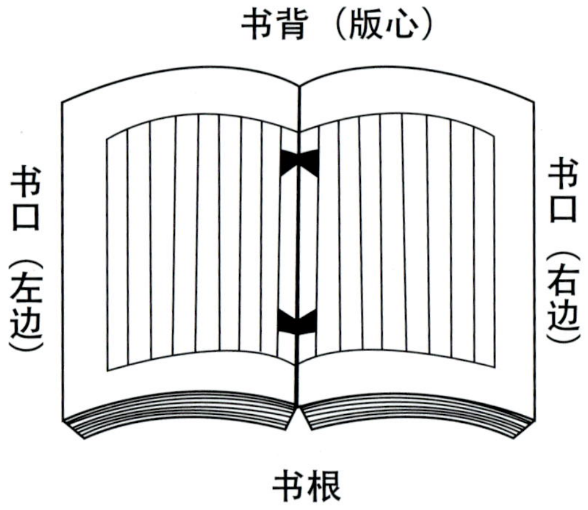

图 1-15 蝴蝶装书的版面形式

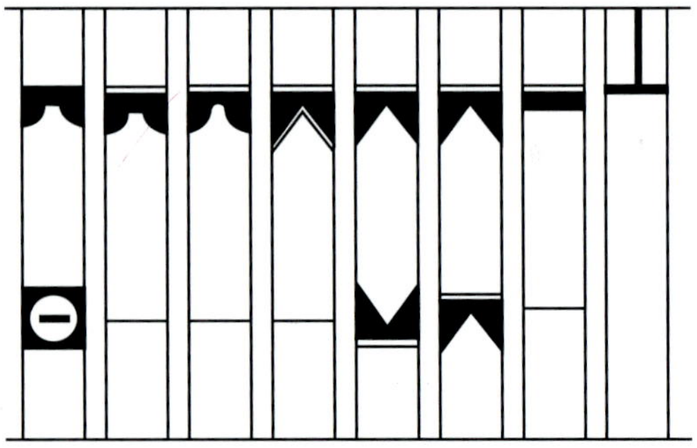

图 1-16 蝴蝶装书中缝的形式示意图

图 1-17　传统书籍的刊记兼备扉页和版权页的功能

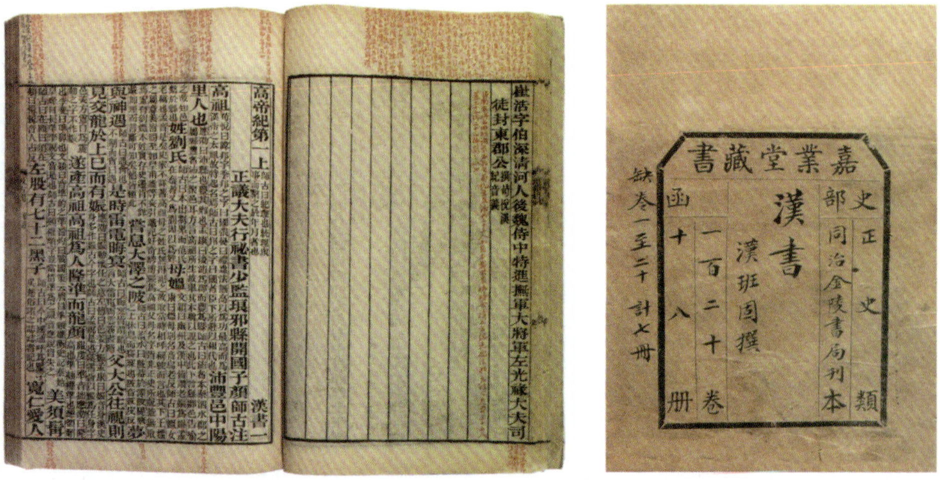

图 1-18 《汉书》——中国古代线装书的版式设计

左边为正文部分的版式，可以看出不同层级的文字的大小关系，红色为注释旁批文字。右边为版权页的版式。

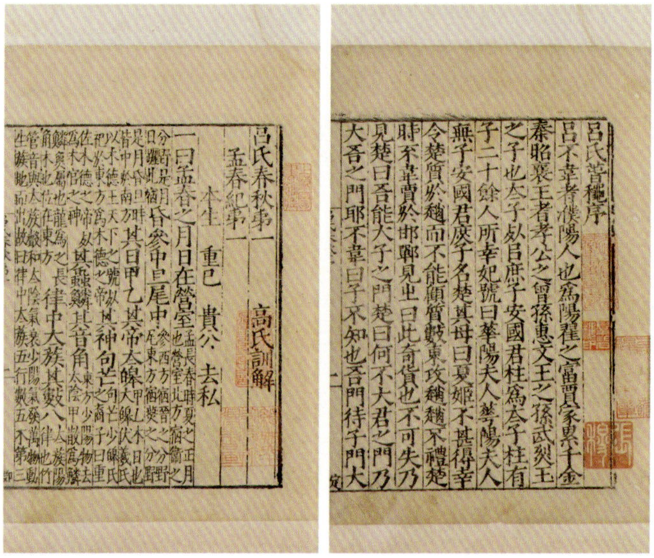

图 1-19 《吕氏春秋》——中国古代线装书的版式设计

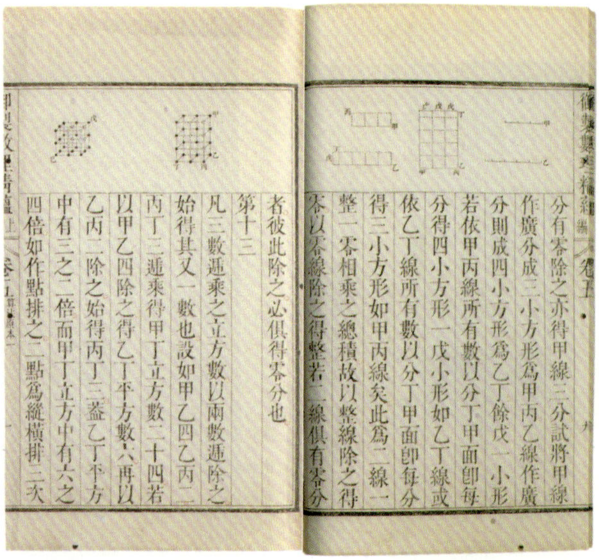

图 1-20 《御制数理精蕴》——中国古代线装书的版式设计

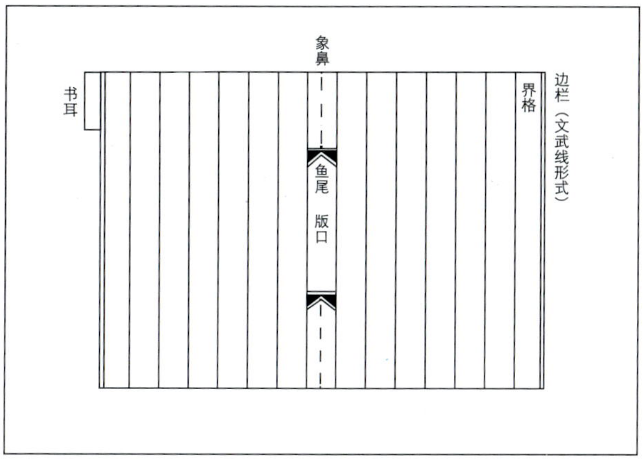

图 1-21　中国古代线装书的版面示意

的字体主要选用了唐初大书法家欧阳询的字体；宋建本则多用颜真卿的字体；而宋蜀本的字体却是选用颜体字作为架子，撇捺都长而尖利，渗入了中唐书法家柳公权的柳字的成分。北宋刻本的版面多为双边，版心黑线较细或不印黑线，称白口。字的行间比较宽阔，字体较大。南宋之后，书口多为黑口，版框多为单边，或上下单边、左右双边。版面中还常印有刻书人的牌记。

公元 1045 年前后，北宋毕昇（？—约 1051）发明了活字印刷技术。自此中国开始广泛采用活字型，但是并未取代雕版印刷的主要位置。真正用在印刷上的字体种类主要为楷体和宋体，以及近代采用的改良宋体——仿宋体。中国与印刷相关的版式设计长期处于一个基本稳定的形式中，并未像西方的版式设计，受到不同时期的艺术风格的影响产生显著的变化。其变化速度缓慢，虽然也有突破，但充其量也只是改良。

五四运动前后，由于新文化运动的发展，版式设计受到当时政治、文化、经济的影响，从而进入了一个全新的局面。旧传统被打破，新版式设计从技术到艺术形式都为新文化运动提供了全新的服务。

首先，新文化运动、白话文运动等革新运动开启了民智，使得文化知识从精英式神坛走向了大众化的民间，这是一次文化普及的大推动，从而影响了书籍设计，乃至版式设计的发展步伐。传统的雕版印刷、木活字印刷等手工作坊式的工艺和产量已经无法适应社会对印刷品的需求，从而极大地促进了版式设计的理念转换。

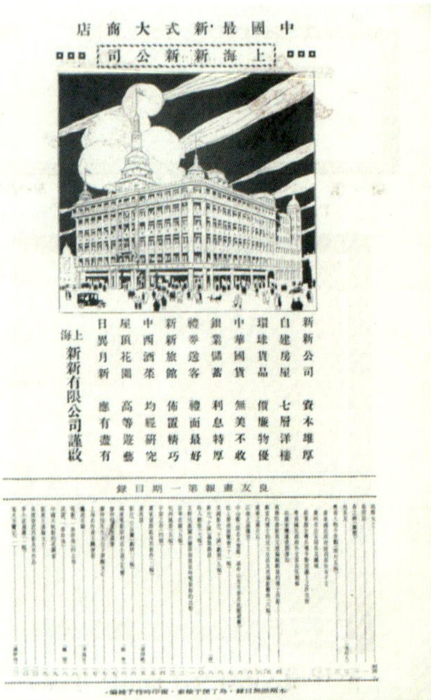

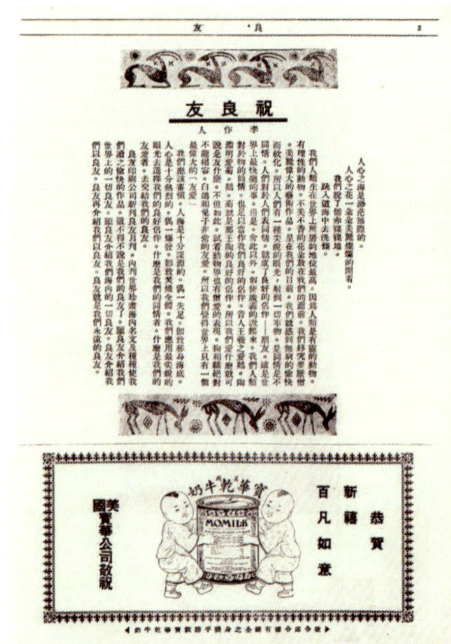

图 1-22 《良友画报》/ 1926 年 第一期 / 江南大学大观藏书馆藏

民国时期的畅销杂志，从广告可以看出，当时的版面形式很丰富。文字的书写顺序，正文主体仍然秉承自上而下、自右而左的顺序，但大标题等有些已经开始采用西式的自左而右的顺序。

其次，“西学东渐”的影响也不可磨灭。鸦片战争后，知识分子出国留洋，主动向国人译介西方思想文化，在书籍设计界出现了“比亚兹莱”风。英国插画家、装帧艺术家奥伯雷·比亚兹莱（Aubrey Beardsley）崇尚唯美，追求精致，影响了西方现代印刷品设计。在五四运动时期，一大批的文人都十分推崇他，在版式设计方面也受到其很大的影响。例如，叶灵凤在印刷品设计方面被称为“东方比亚兹莱”。可以说，“西学东渐”影响了近代版面的设计思想理念。

最后，由于西方先进的印刷技术传入中国，雕版印刷技术渐渐淡出舞台，书籍装帧也逐渐脱离传统的线装形式，走向现代的铅印平装本。

中国近代书籍在一开始出现西化的形式特征时，同样被称为“洋装书”。可以说，洋装书是中国现代书籍的雏形，也是与现代书籍之间的一条分界线。直至五四运动时期，现代书籍的形式发展到了成熟阶段，并在社会上被广泛应用，人们开始了解到西方书籍的两种装订形式——精装本和平装本，版式设计得到了全面的发展。

图 1-23 《呐喊》民国版 / 江南大学大观藏书馆藏

图 1-24 《点石斋画报》/ 光绪十年（1844 年）第一号

开本大小：14.8 cm×24.7 cm / 插画：吴有如

“洋装书”的典型代表书籍，采用了西方的石印技术。当时大部分书籍封面采用西式的模样，但内容版式仍然延续传统书籍的版面形式。

图 1-25 《文学周报——苏俄小说专号》

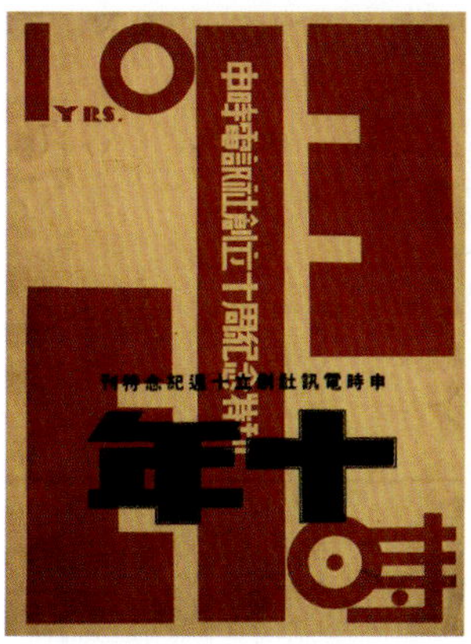

图 1-26 《申报电讯社创立十周年纪念特刊》/ 1930 年

图 1-27 《为了六十一个阶级弟兄》/ 沈云端

图 1-28 《溥仪》/ 吴寿松

三、西方版式设计的历史印迹

1. 欧洲早期的印刷和平面设计

在 15 世纪以后的欧洲，随着经济和文化的迅猛发展，手抄本已经不能满足人们的精神需求。在德国的美因茨地区，一位名叫古腾堡的人发明了图书制造的革命性技术——金属活字版印刷术，它深刻地改变了人类思想传播的历史，使欧洲书籍装帧有了突破。该技术所用工具包括活字、油墨、纸张和印刷机，在字体和正文版式设计方面同于手抄本，版面较手抄本更整齐、精确，这一技术席卷欧洲，大大提高了书籍制造的速度和质量，使图书数量激增，图书内容也不仅仅限于教堂和修道院。

图 1-29　镶嵌有珍珠的拜占庭圣经

图 1-30　象牙雕刻的封面

图 1-31　15 世纪古腾堡时期的旧约圣经

16 世纪，文艺复兴运动风行全欧洲。欧洲书籍明显地分为实用书籍和王室特装书籍。前者简单实用，后者则富丽堂皇，十分考究。这仍然可以从版式设计诞生之初所具有的宗教性特征那里找到答案。

在对古代文化巨著的研究中发现了加洛林王朝的手抄本，他们借鉴手抄本中的字体并融合古代简洁铭文的特征，创造了完美的罗马体铅字，同时，也从其他的手抄本中创造了优雅的斜体字等，并将之用于书籍印刷。

同时，书籍的完整形态也逐渐呈现出来。例如，印有出版商标志与地址的版权页已成形，并成为书籍开始部分的固定格式；标点符号不断丰富，阿拉伯数字页码已被使用等。无论从功能还是形式，都大大地提高了版式设计的魅力。

书籍的种类也发生了翻天覆地的变化。由于西方对新大陆的探险，人们的视野不断开阔，人们对世界的认识也发生了扩大性的变化，因而新的图书品种不断出现，书籍不再以单一的宗教题材为主，内容开始涉及其他知识，使得版式设计的风格随着书籍内容的不同有了多样的变化。

随着凸版印刷和木制雕版技术的发展，书籍中开始出现大量的插图，同时插图的民族性传统也开始显现。

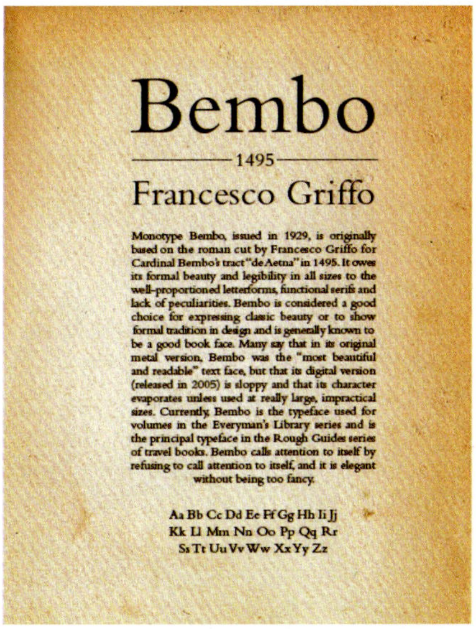

图 1-32　弗朗切斯科·格里佛完成的“本博体”

活字凸模雕刻师弗朗切斯科·格里佛（Francesco Griffo，1450?—1518?）将在人文主义者之间流行的仿尚书院体首次铸造成金属活字并与阿尔杜斯·马努提乌斯在阿尔杜斯的印刷厂将之用于印刷。正式将这种仿尚书院体活字作为书籍正文字体使用的是 1501 年出版的古罗马诗人维吉尔的著作《作品集》。

图 1-33　马努提乌斯印刷的书籍页面

威尼斯的印刷商阿尔杜斯·马努提乌斯（Aldus Manutius，1449—1515）作为意大利文艺复兴时代的出版和印刷先驱，他确立了书籍装帧的基本步骤，制造了第一款意大利斜体字，创造了经典名著的“袖珍本”书籍（称为 octavo），并应用了多项在书籍装帧方面的创新技术和设计。他委托弗朗切斯科·格里佛（Francesco Griffo）刻出了第一款现代所称的意大利斜体。他与其孙子创建了标准化的标点符号系统。软件公司 Aldus 即以他命名。

图 1-34　中世纪欧洲的活字印刷作坊

2. 工业时代的版式设计

西方国家的工业革命是 1760 年左右从英国开始的，一直延续到 1840 年，共有近百年的发展时间。从平面设计来看，这个时期的主要变化除了行业、职业分工精细和专业化之外，摄影技术的发明和发展极大地改变了版式设计的发展方向。19 世纪是最富有创造发明的世纪，平面设计，乃至版式设计在这个百年取得了以往数百年，乃至上千年都没有过的巨大发展，进而影响到 20 世纪的版式设计。

18 世纪 50 年代，源于英国的工业革命推动了印刷术的变革，机械造纸机、转轮印刷机出现，石印和摄影技术的发展使版面的质量和内容形式不断完善。莫里斯和拉斯金领导的“工艺美术运动”开创了书籍设计的新理念。莫里斯大量采用装饰性字体和纹饰，将文字、插图和版面综合利用。他开创了“书籍之美”的理念，推动了革新书籍设计艺术的风潮，因此，被誉为现代书籍艺术的开拓者。

除社会、政治、印刷技术的影响之外，人文艺术也影响着版式设计的风格。从 16 世纪到 18 世纪，从巴洛克艺术的神秘气息，到古典主义的理性自然之风，到启蒙运动的象征意味和装饰性，再到洛可可艺术的纤巧、华丽、繁密，都一点一滴地渗透到了版式设计的每一页中去了。

图 1-35 《艺术左翼战线》杂志 / 俄国

图 1-36 《小达达之夜》/ 瑞士

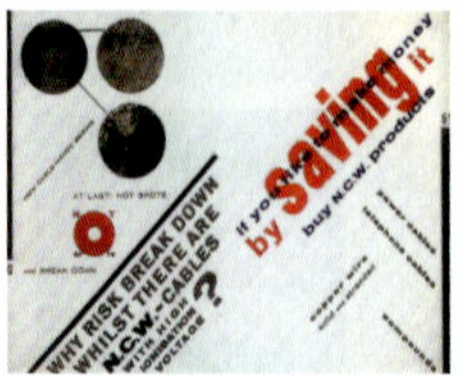

图 1-37 《荷兰电缆厂目录》内页 / 荷兰

图 1-38 《干涉证明》/ 俄国

3. 20 世纪西方版式设计的流派之美

19 世纪出现了商业化和理想主义共存的局面。快速发展的经济和技术加速了印刷品的商品化，文化虚无主义观念日益严重。为了扭转这一局面，此后近百年来许多艺术家发起了革新运动。就版式设计领域而言，20 世纪西方发展出以下流派：

（1）德国表现主义。以凯尔希纳为代表的“桥社”俱乐部和以康定斯基为首的“青骑士”俱乐部，从 1907 年至 1927 年创作了大量的绘图本书籍，他们在设计中注重表现内在的情感和心理反应，反对机械地模仿客观现实，强调艺术语言的表现力和形式的重要性。

（2）意大利的未来派。提倡“自由文字”的原则，书籍语言具有速度感、运动感和冲击力。在版面中否定传统的文法和惯常的编排方法，呈现不定格式的布局。这是对传统线性阅读发起的挑战。

（3）俄国构成主义。版面编排以简单的几何图形和纵横结构为装饰基础，色彩单纯，文字全部采用无装饰线体，具有简单、明确的特征。俄国构成主义设计的书在编排设计和印刷平面设计两个领域内具有革新的意义，可以说这是现代艺术书籍的起点。

（4）达达主义。知识分子在特殊的情况下企图通过艺术和设计表达个人情绪的宣泄。他们的书籍设计中，更多的是荒诞、毫无章法的混乱特质，突破传统的版式设计原则，强调偶然性和机会性，作品呈现无规律、自由的状态。

图 1-39 《魏玛国立包豪斯》/ 德国

图 1-40 《包豪斯丛书》/ 德国

（5）荷兰风格派。创办于1916年《风格》杂志，是典型的荷兰风格派代表之作。设计追求纯洁性、必然性、规律性和非对称性，反复运用纵横几何结构，通过几何的方块、简化的颜色来传递书籍的主题。

（6）超现实主义。当时的知识分子产生了虚无主义的思想，认为社会表象是虚伪的，因此想在设计中寻找真实的东西。这些超现实主义画家们将内文与绘图两者高度融合，以互补的形式设计书籍。

（7）包豪斯。在包豪斯学院有专门的出版部进行字体、编排和印刷广告等方面的设计创作。《魏玛国立包豪斯》可谓是集大成之作，其艺术性在于，设计中强调编辑、版面、逻辑、理性的重要性，强调简洁明快的艺术取向，具有主题鲜明和富有时代感的特点，对世界书籍设计产生了深远的艺术影响。

（8）瑞士平面设计风格。它以网格作为设计基础，字体、插画、照片等采用非对称的方式安排在标准化的网格框架中，强调设计的统一性。

（9）波普艺术。它打破了传统的枷锁，把书视作可塑的柔软体，认为书可以自由造型，解体变化。其将书籍的物质性要素视作书籍设计创作的重要组成部分，积极在书籍内容的叙述中注入大众传媒式的流动性图像影视手段，表达出形式多样化、具有表现力的图文语言。

四、中西版式设计比较

1. 中西哲学思想对版式设计的影响

西方哲学思想和中国哲学思想的差别能够充当中西文化差别的代表，西方哲学可以说是一门超越实用目的的、为知识而知识的纯粹的自由学术，它最初起源于人们对自然万物的惊异。从哲学思想上看，中国的文化似乎是和西方文化相距最远的，这里的远不是指在地理位置上的远，而是就中西在文化上的陌生感而言的。纵观数千年的世界文明发展史，其实不难看出，中华文明和西方文明基本上成为了地球上的两个最大的文明轴心区，它们各有自己的势力边界和影响范围。而哲学无论在西方还是在中国，都是一门古老的学科，其思想可以追溯到几千年之前，它在文化当中无疑具有一定的代表性，从中西方哲学思想上的差异可以更好地了解中西文化的不同特点。

中西方的哲学在漫长的历史过程当中，渐渐形成了迥然的文化精神，从总体上来讲，中国哲学思想上体现出来的传统中国文化，非常注重现实性道德修为和建功立业，主要强调学以致用，哲学上说就是有实用主义的倾向。而西方哲学思想上体现出来的西方传统文化，十分注重超越性的精神思辨和批判意识，主要强调学以致知，在哲学上它往往表现为具有一种超越现实生活而遨游于永无定论的形而上学问题的倾向。

古希腊哲学家苏格拉底论述过美与效用的关系问题。柏拉图也提出过“有用即美”的观点。他们提出的关于美的本质和审美标准、美和善的关系、实用与审美的关系等理论是西方设计美学建构的理论基础。从这两位哲学家提出的美学观点可以看出，基于科学的理性思维方式这一观点影响着西方的设计美学，乃至版式设计。

中国的版式设计特征不同于西方的版式设计特征主要来源于不同的艺术观。中国的版式艺术历来讲究人天合一，用静观的眼光看待世界，并在哲学与文学的基础上追求自我的精神，主张主观的整体观，推崇“气韵”，把“气韵”归于宇宙的生命，故此，中国的版式艺术一直把“书卷气”作为追求的目标。把书卷气体现得最为突出的是明代的木刻与版式、字体形态的组合，并运用“墨分五色”的理论去把握版式艺术中的黑白比例。

中国传统文化中“天人合一”的思想一直影响着中国的版式设计。例如，传统书籍中版式的各个部分的名称与功能，体现了“天人合一”这一思想。版面的左边有耳子，称“书耳”，像人的耳朵，美观且能辨音。有了“书耳”，版式也美观了。耳子内略记篇名，查检方便，其作用和耳朵相似。“版口”正来自于人嘴的启示，有吞吐书的内容之作用。“象鼻”有版式呼吸之作用。“书眼”是用以穿线和插钉的孔，无眼则无法固定书。用近似人头的形象创造出书的版面，这是一种文化行为，也是一种哲学思想的表现。

2. 中西方社会环境对版式设计的影响

社会的历史背景都是在每个特定时代产生的，不同的历史时期会产生不同的社会环境、物质生活情境、时代精神风貌，对版式设计的影响会在题材、思想内涵上体现，即使是相同的题材，由于艺术风格不同，也会产生不同的景象。民族性格是由语言、生活习惯、生活方式、生活背景等因素构成的，民族性格特征总在不同地域、国度中体现。

中西方对文字的书写方式就受到民族性格等各种因素的影响。腓尼基字母作为西方最早的表音文字，初始都是横向书写并且书写方向为自右向左。而公元前 8 世纪出现的希腊字母却开始将文字的书写方向转变为自左向右书写（中间曾有过来回书写或曰“耕地”式书写的过渡期）。而中国的书写方式最初则是从甲骨文开始自上而下、自右而左的。直至清末时期，由于西方文化以及技术的交融，中国一批知识分子学习西洋文化，汉文里经常会引用外文，书写阿拉伯数字或使用新标点符号等，竖写就显得不是很方便。于是，知识界开始提倡汉字改革，提倡拼音汉字，力主改变传统的竖写书写方式。至此，汉字自左而右、自上而下的书写方式才被逐渐使用。

3. 中西版式设计的文化交融

早在意大利人利玛窦（Matteo Ricci，1552—1610）入华开始，西方文化便逐渐传入中国，中西哲学的交流在基督教传入中国的时候也逐渐开始，并在近代得到很好的发展。中西文化的接触和交流可谓源远流长。

由于文化的交融、西方技术的引进等，民国时期便可看到中西方文化交融下的版式设计。而在今天的信息社会背景下，新技术、新材料、新观念、新思路的不断涌现使我国的版式设计受到了前所未有的冲击，显示出了中西方文化、新旧文化之间的交流、碰撞，多元化发展下的版式设计已经发展到一个新的水平。

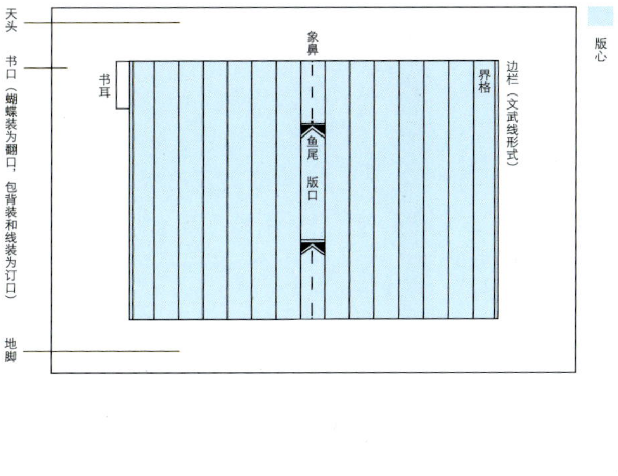

图 1-41　中国传统书籍的版面特征及版式各组成要素

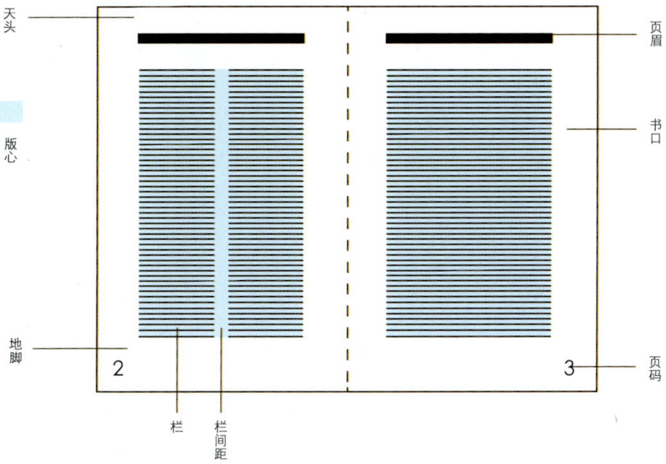

图 1-42　中国现代书籍的版面特征及版式各组成要素

五、新时代背景下的版式设计

1. 多领域设计中的版面

人们通常会将版式设计等同于书籍、杂志、报纸等印刷品的版式设计，其实版式设计的范围不仅仅局限于平面领域。版式设计已经随着科学技术和经济的飞速发展，随着人们的审美观的提高走出了崭新的一步，被广泛应用于除传统印刷品以外的产品包装、环境视觉导向、企业形象等立体空间的多领域中，为人们营造新的思想文化提供了广阔的天地。

2. 电子媒体中的版面

20 世纪 40 年代末，以计算机、原子能、航天空间技术为标志的第三次科学技术革命开始了。这场科技革命发源于美国，而后迅速扩展到西欧、日本、大洋洲和世界其他国家和地区，涉及科学技术各个重要领域和国民经济的一切重要部门。在新科技革命中，信息技术处于核心和先导地位。信息技术最主要的特征是数字化、网络化、多媒体化、智能化、虚拟化。

在信息时代的今天，人们的生活方式受到信息技术的影响，发生了巨大的变化。在设计的领域，版式设计所服务的对象也发生了变化。我们进入了纸质媒体与电子媒体并重的时代，电子阅读产品、互联网终端的网页，以及移动终端的 UI 界面都与版式设计密不可分。电子媒体的形式有别于传统纸质媒体的静态形式，因此开启了版式设计的全新时代。

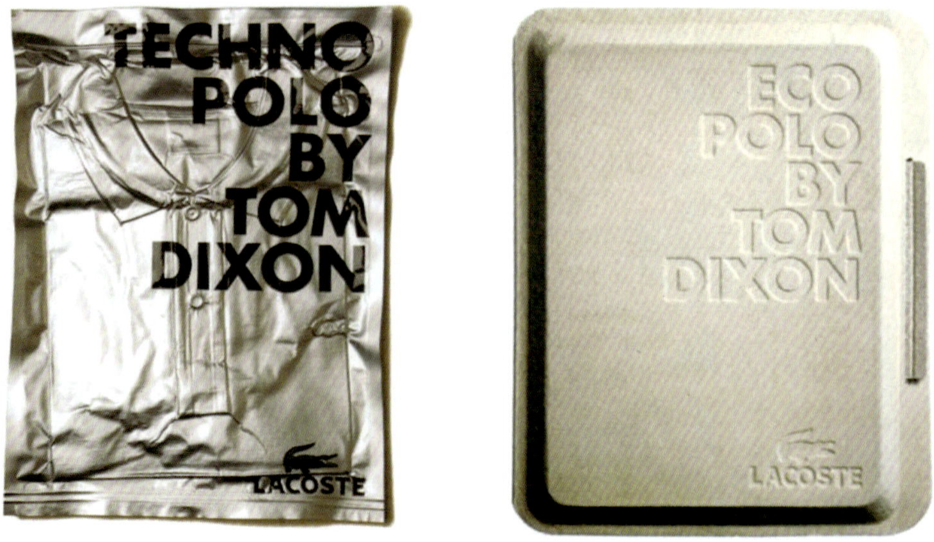

图 1-43　LACOSTE 创意服饰包装

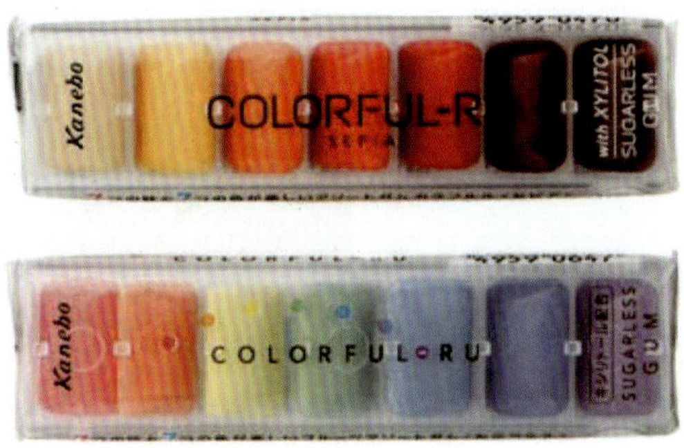

图 1-44 现代食品包装设计

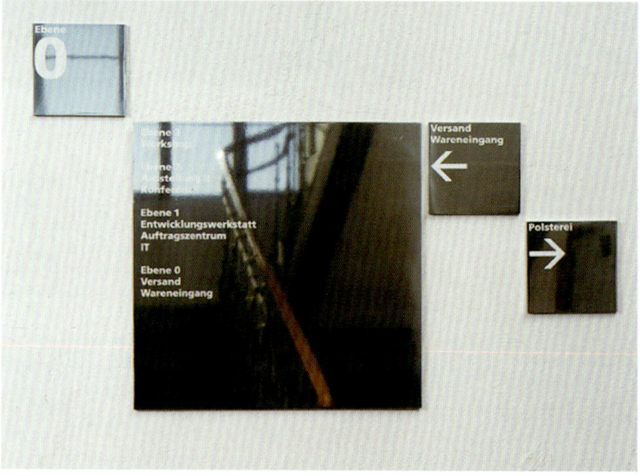

图 1-45 Markenwelt der Walter Knoll AG & Co. KG Herrenberg 的环境视觉设计

该公司的导向系统设计采用了 VI 系统中的视觉元素——简单而明快的几何形态，它被利用在不同的空间中，并将导向信息采用不同的材质体现在不同的载体上，既解决了导向的功能需求，又使 VI 设计中视觉元素在空间中得到很好的延展及呈现。每一个导向牌都是独立的版面，都需要设计师利用版式设计的技术精心设计。

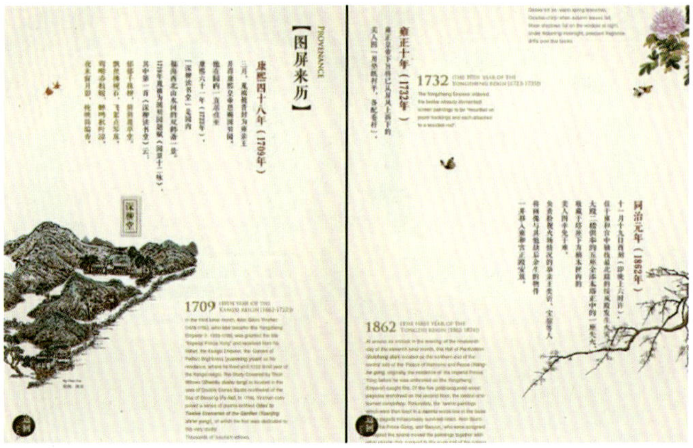

图 1-46　胤禛美人图 APP

故宫博物院出品的首个应用，让您指尖轻触，从十二幅美人屏风画像一窥清朝盛世华丽优雅的宫廷生活。APP 中所有的画中物件都与故宫博物院藏实物进行了对比观摩，观者可以 360° 互动观赏宫廷文物藏品，同时可以用放大镜的功能欣赏高清大图。在观赏的同时，还能深度了解 APP 中的背景知识，并能满足社交网络及电子邮件分享。

第三节 版式设计的原理与要素

一、版式设计的基本原理与法则

1. 版式设计的基本原理

版式设计是通过文字、色彩、图片等构成元素，结合视觉流程、平面构成、网格应用等艺术传达形式，在一定的构图方式、版式编排和形式法则下创作出具有美感的平面设计形式。版式设计的目的就是用更加科学、严谨、美观的版式构成理论，将错综复杂的设计元素有特色、有规则、有韵律地排列，以形成具有艺术性、专业性的设计效果，创造出独具美感的版式设计艺术。版式设计有它独特的艺术语言，同时又与其他姊妹艺术相关联，版式设计在广告教学、平面设计等各个领域都有广泛的应用。

版式设计的基本原理离不开艺术表现，它通过重复与交错、节奏与韵律、对称与均衡、对比与调和、比例与适度、变异与秩序、虚实与留白等形式美构成的法则来规划

图 1-47 *Redo*/ 设计师：Eduardo Rodrigues

这是一本双语（葡萄牙文和英文）刊物，内容涵盖与艺术和生活风尚相关的各种主题。其主要理念是主题与红色的关系。正如米歇尔·帕斯图罗（Michel Pastoureau）所说："谈论'红色'几乎是多余的。红色就是纯粹、经典，是所有颜色之最。"红色的封面，内文版面上的红色贯穿于全书，设计师处处都在版面中诠释着"红色"的概念。

版面，把抽象美的观点及涵养诉诸读者，并从中获得视觉美感。它们之间是相辅相成、互为因果的，既对立又统一地共存于版面之中。

在进行版式设计的时候，首先要明确设计的主要内容，再根据主要内容来确定版面的风格和结构。不同内容的版式设计有着很大的差别。同时，页面四周的留白量对于页面版式的安排有着非常重要的作用。即使是同样的图文，也会因为不同的版面率而呈现出截然不同的效果。版式设计中的元素是有先后顺序的，合理的顺序安排能够引导读者更容易看懂设计所要表达的主题，各个元素的大小、色彩、形态等都会影响整体的顺序。

2. 视觉法则

人类的视觉特征决定了视觉流程的形成。因为人类的晶状体结构的生理构造只能产生一个焦点，所以不可能把视线同时停留在两个或两个以上的地方。人们在阅读的时候，视觉会拥有一种自然的流动习惯，即先看什么，后看什么，再看什么。版式设计中的视觉流程是一种视觉的“空间运动”，是读者的视线随着各种视觉元素的空间沿一定轨迹运动的过程。视觉法则在版式设计中的主要作用在于诱导视线，使其能有秩序、有组织地随着设计中的视觉元素迅速、流畅地运动，使读者获取最佳印象，最终实现信息的有效传递。将视觉运动法则用于设计，从选取最佳视域、捕捉注意力开始，到视觉流向的导向、流程秩序的规则，再到最后印象的留存位置，是构成要素的空间定位，称之为设计的视觉流程。

设计师在设计的过程中应当注意以下几个问题：

（1）重视视觉流程的逻辑性。人类的视线只有一个焦点，所以在阅读的时候会有一种自然的流动习惯。视觉流程往往会体现出比较明显的方向感。心理学研究表明，人的视线在一个既定的平面内注意力的分布不均衡，注意力最大的是上部、左部和中上部。因此，版式设计中好的视觉流程，应该符合人们认识过程的信息顺序和思维发展的逻辑顺序。

（2）把握视觉流程的节奏感和韵律感。节奏和韵律是形式的审美要素。视线对一个版式中视觉流程的节奏和韵律的把握，可将其中的基本元素按照一定的条理、秩序，用重复等手法进行渐变、大小、长短、明暗、形状、高低等的排列构成，形成一种律动形式，使得作品让人百看不厌。

（3）强化视觉流程的诱导性。版式设计中的视觉流程设计的根本目的就是左右读者的视线，诱导其按照设计者的意图进行阅读。所以设计师应该根据各种视觉元素的主次进行方向性暗示，将这些元素融会贯通，以实现贯穿于整个视觉流程的诱导。

（4）展示视觉流程的个别性。视觉流程有其基本规律，但也不是一成不变的。设计师可以根据具体的情况做出个别性的视觉流程。

视觉流程主要分为以下几种形式：

① 单向视觉流程。单向视觉流程的版面特点是导向简洁明了，通过垂直、水平的方向进行指引，直接传递版面的主题内容。其中，竖向视觉流程给人坚定、直观的感觉，横向视觉流程给人稳定、安静的感觉，斜向视觉流程则以动态的不稳定的方式引起读者关注。

② 曲线视觉流程。曲线视觉流程能够使版面的构图更丰富，具有动态的形式感。例如，圆形或弧形的线形给人以优雅、柔美的节奏感，可营造出随意轻松的阅读气氛。

③ 导向性视觉流程。通过诱导元素，主动引导读者的视线向一定方向顺序运动，由主及次，把版面的各个构成元素串联成一个整体，使重点突出，条理清晰，发挥最大的信息传达功能。版面中的导向形式多样，有虚实的变化，有直接的形象表现，也有间接的心理暗示。根据内容的需求，可以采取不同的形式进行导向。

④ 散点视觉流程。散点视觉流程是指图形与图形、图形与文字之间以分散、自由的形式排列，呈现出一种感性、无序但又个性的形式。这样的阅读过程会给读者一种活泼、自由、有趣的视觉感受。

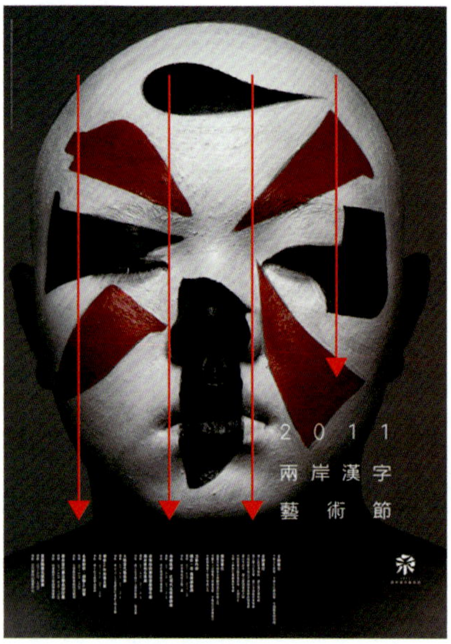

图 1-48　单向视觉流程

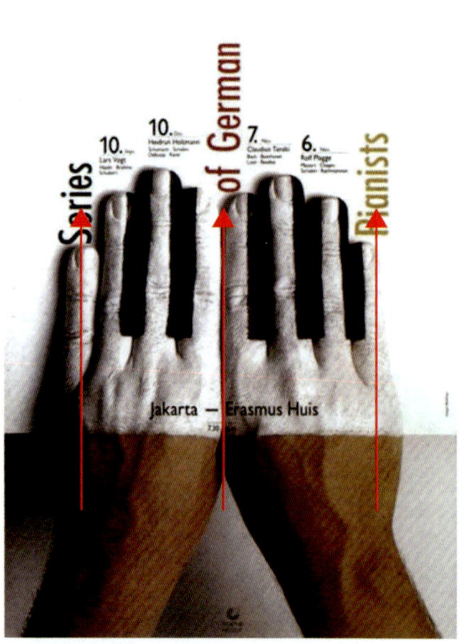

图 1-49　导向性视觉流程

图 1-50　曲线视觉流程

图 1-51　散点视觉流程

3. 形式法则

1）繁与简

繁与简是艺术作品中常用的一种艺术规律，它不仅存在于诗歌、绘画、音乐、工艺美术等方面，同样也存在于版式设计中，而且是版面风格形成的重要因素。

“繁”与“简”就像“加法”与“减法”。“加法”并不是造成视觉要素的繁杂，而是通过视觉要素的组合造成形式意味，来增强版面的艺术感染力。“减法”并不是简单，而是提炼与概括，否则设计作品不耐看。“加法”与“减法”反映了设计思维的本质。

在平面设计的发展历程中，其视觉表现一直在遵循从简单到复杂再回归简洁的循环过程。繁与简在表现方法和艺术形式上迥然各异，但却是对立统一的，其最终目的都是满足人们的视觉与审美需求。两者的形成与变迁，总是随着社会的经济、政治、文化背景的变化而变化，都是一定社会的文化现象。

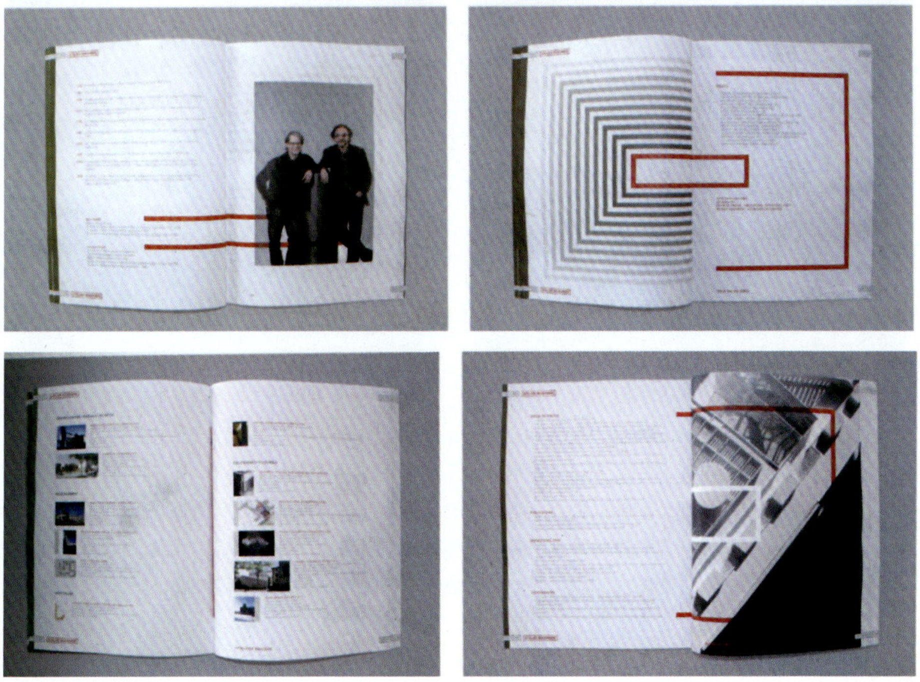

图1-52 Atelier Novembre 工作室标识 / 设计师：Benoit Bodhuin

设计师对 Atelier Novembre 工作室的标识进行了重新设计，标识的灵感来源于一种建筑师常用的工具，表达了设计与空间的关系。设计师把这一理念带到了版式设计中，结合版面的结构，用简洁的几何形态诠释了设计理念。

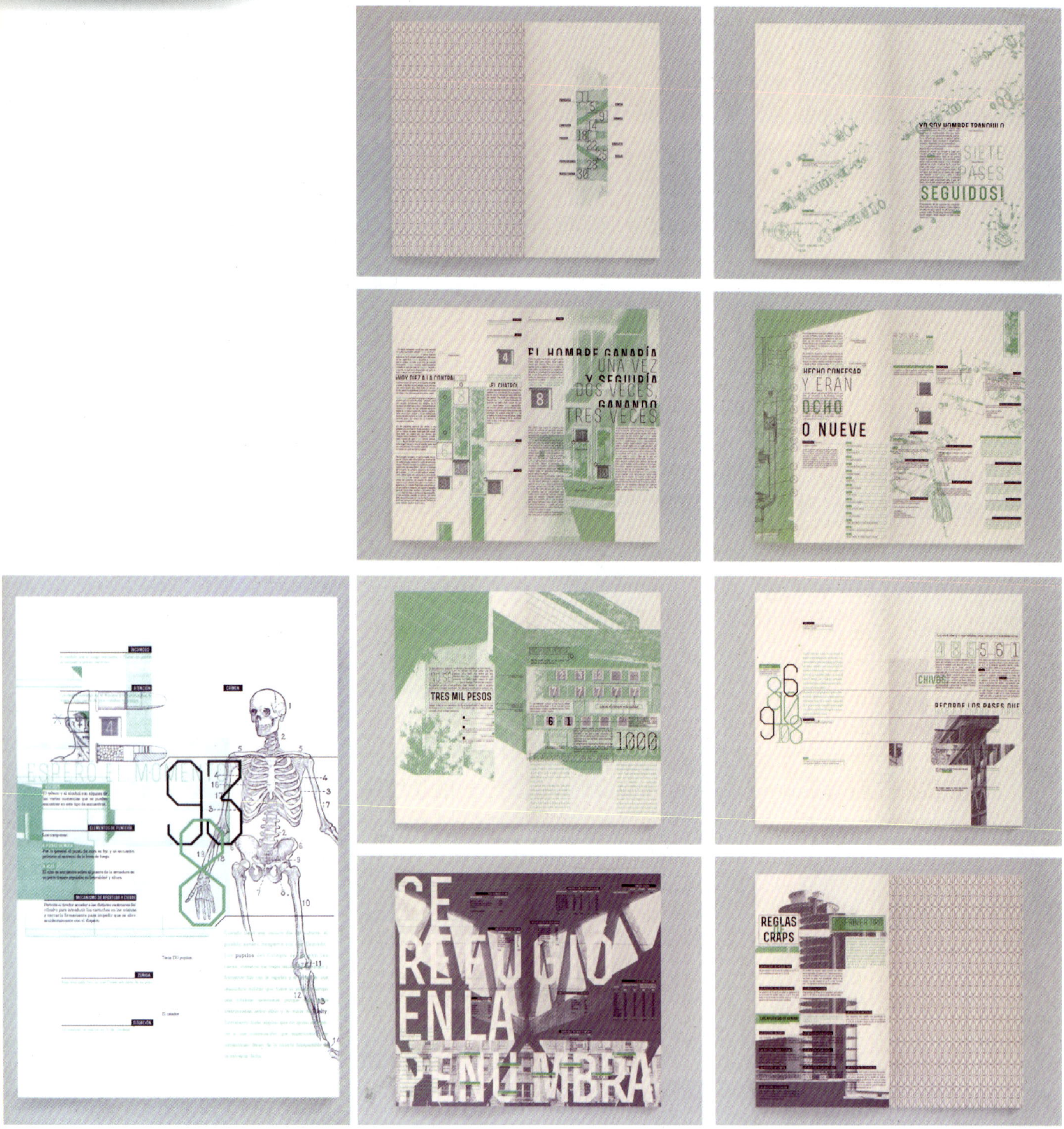

图 1-53 *La suerte La suerte*/设计师：Federico Kanno

这个项目基于 Rodolfo Walsh 的《赌徒故事》(*Cuentos para tahures*) 所创作。经过完整的分析后，故事被划分成多个部分，再与警察、赌博和枪支等其他信息关联，其目的是扩展和创造一个全新的故事版本。经过分析，设计师发现数字在故事中的重要性，因此采用这一元素进行展开。重叠与突出的数字、经过处理的图像以及网格构成了该作品的主旋律。错综复杂的版面形式恰好展示了故事的情感。

2）计白当黑

计白当黑是书法用语。字的结构和通篇的布局需有疏密虚实，才能破平板、划一，有起伏、对比，既矛盾又和谐，从而获得良好的艺术情趣。在中国画论上也有一说，“虚实相生，无画处皆成妙境”，“密不透风，疏能跑马”。因此，在中国的版式设计的理念中，“空”不是一片虚空，而是“空无”中有着中国文化精髓的特定内涵。当然，在西方的设计中也很讲究空白与实体的对比，讲究黑白对比的美感，对空白的运用很重视。

版式设计中谈到的“计白当黑”，其实讲的就是一虚一实，即黑色字体与白色留白空间的关系。当然，“空白”也需要把控一个“度”，过分地滥用会给阅读造成一定的困难。

图 1-54 *The Hen House*

大面积留白的版面，黑白的摄影图片，章节篇满版的烫金烫银工艺，使得整本书看上去安静中彰显着时尚。

3）理性与感性

理性与感性是一体二面的，是任性双面性的体现。理性的观点代表为：设计主要解决的问题是视觉传达的准确性，并非装饰和美化，设计表现应该以直接和明确为目标，去除多余的装饰，以传达功能为基础做合理的设计，提倡机械美学原则。感性的观点代表为：版式设计应该不受任何陈规的约束，打破常规的设计表现方法，自由、灵动地传达信息。在具体的版式设计中，面对不同的内容及时调整设计风格，适应潮流的变化。

在版式设计中，理性和感性应该是并存的，依托于设计师的设计风格，同时也反映不同的社会需求。版式设计既需要理性的功能传达，又需要感性的独特装饰风格。

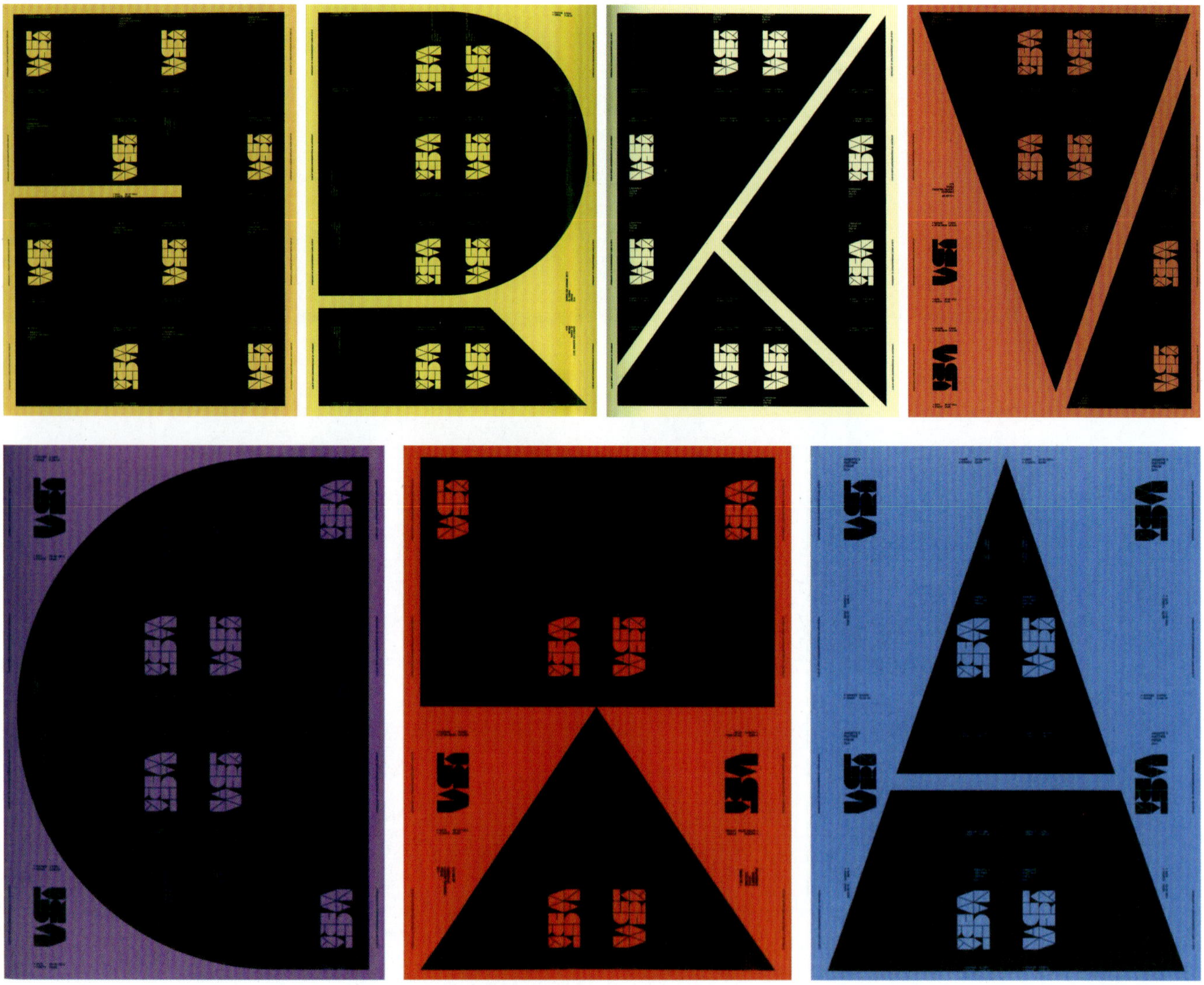

图 1-55　Nachtwerk 俱乐部海报 / 设计公司：HOAX 工作室

Nachtwerk 是阿姆斯特丹一家夜间营业的俱乐部，专注于未来的低音音乐（future bass music）。HOAX 工作室作为该品牌的设计顾问，为其创建了一套视觉识别系统和海报系列作品。该系列作品以简约风格为理念，以理性的几何形态为版面的主要形态。海报可以被裁剪成 8 个独立的传单，每个传单的字体各不相同，形式抽象却有极高的识别度。

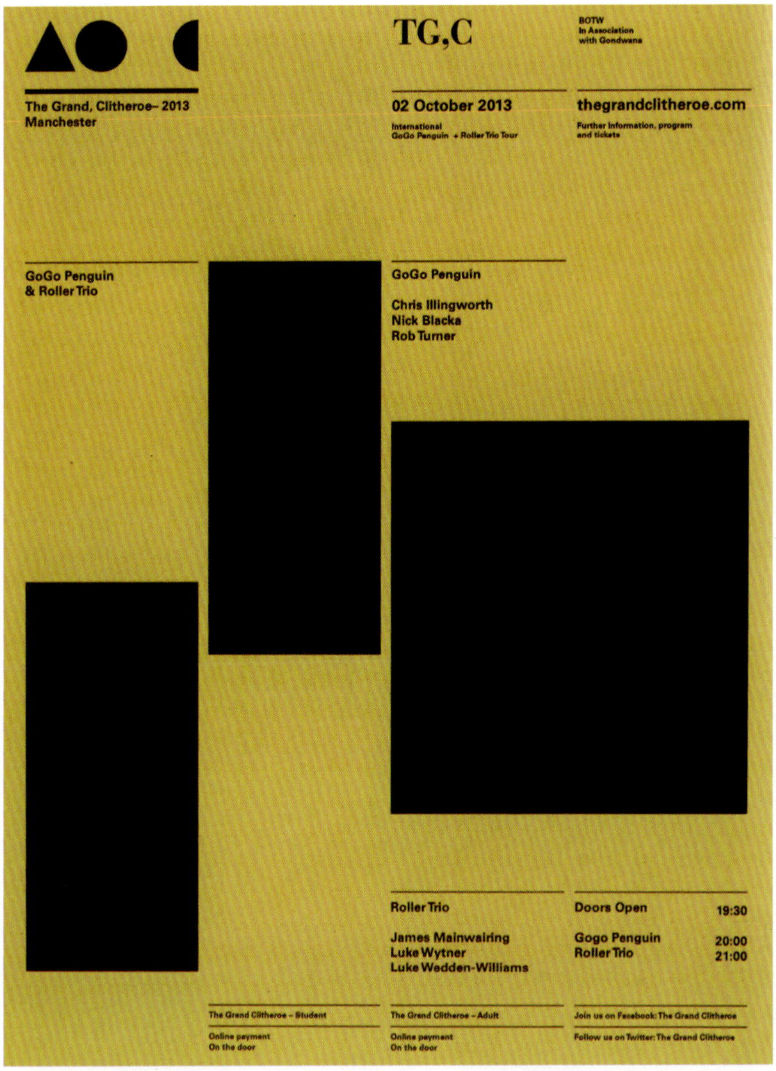

图 1-56　GoGo Penguin 乐队巡演海报 / 设计师：Daniel Reed

该设计师受乐队强烈的音乐旋律和声音所启发。GoGo Penguin 乐队即兴演奏非常复杂的曲目时仍可以呈现完美演出的能力，让人惊叹。代表钢琴键的黑色块出现在不同频段，代表相应的时间是以钢琴为主旋律演奏的。设计师将无形的音乐用理性的几何形态表现，使得版面在理性中彰显了音乐的秩序感和魅力。

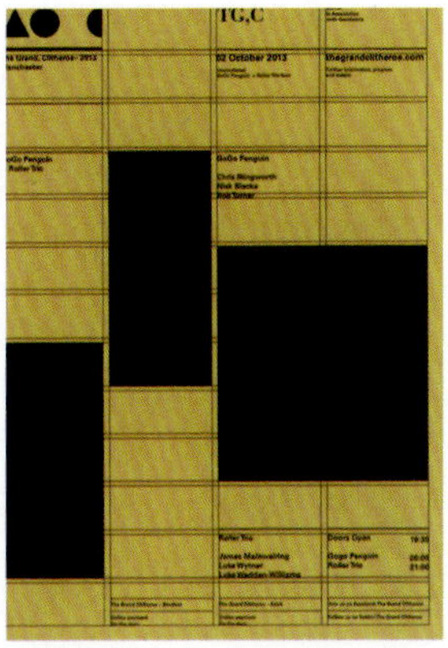

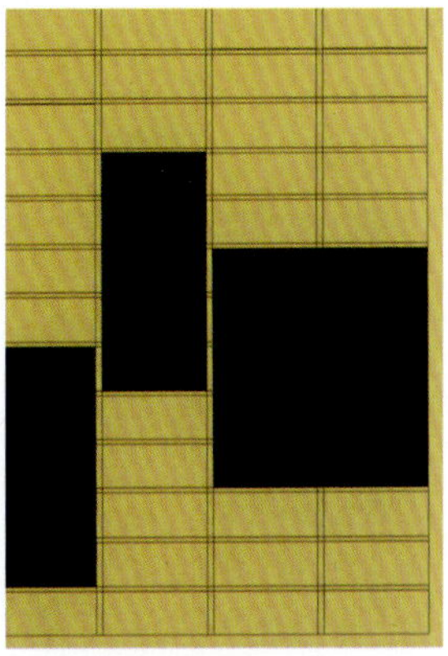

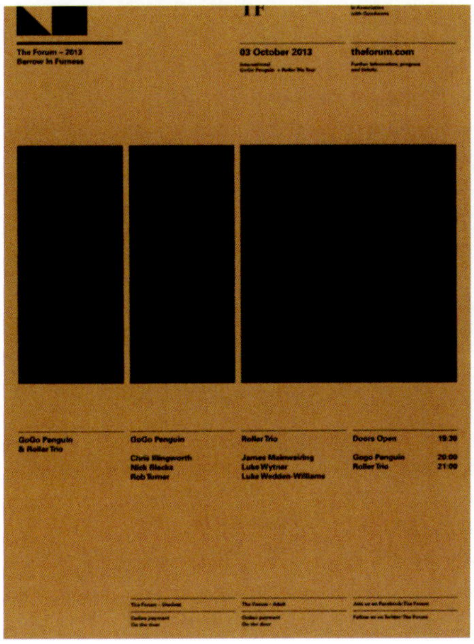

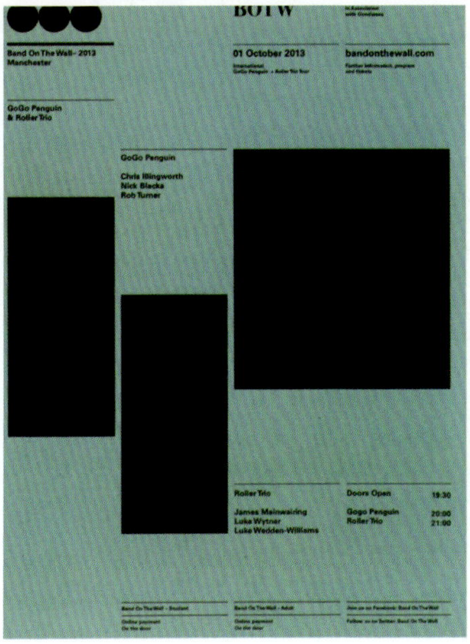

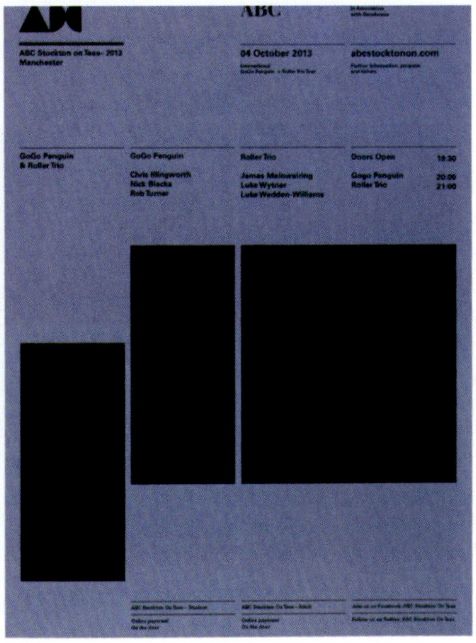

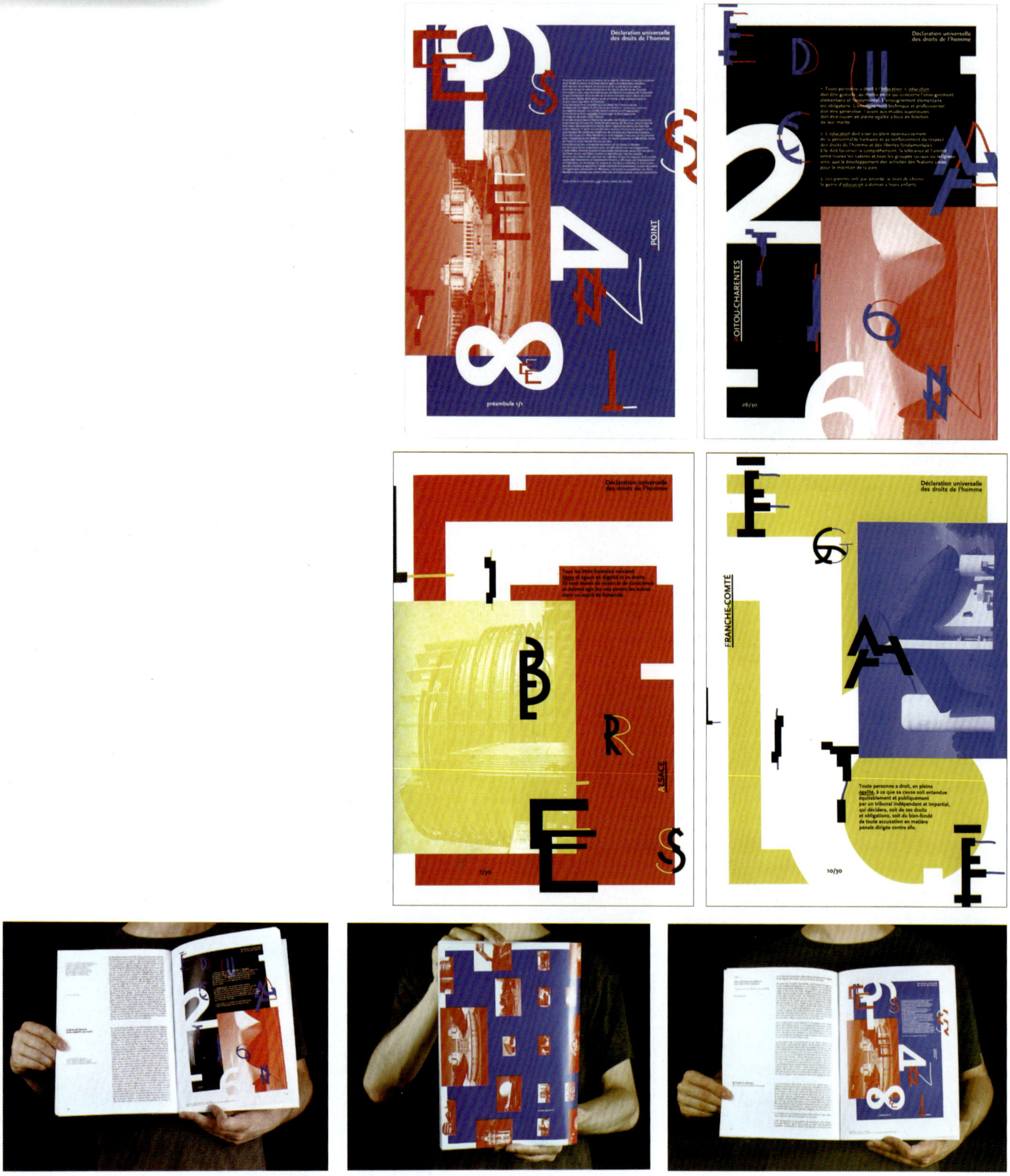

图 1-57　1Point-*Universal Declaration of Human Rights*/ 设计师：Aleander Tonneau

这是一个关于《世界人权宣言》(1948 年颁布) 的项目设计。该设计的目标是介绍《世界人权宣言》的内容 (共包括 31 篇文章)、主题和价值观。该项目由 31 张海报、31 份宣传单、1 本书和 1 个网站 (www.1point.fr) 构成。设计师创建了一种新字体，并用它构成了彩色的背景，形成强烈的视觉美感。

二、版式设计的构成要素

1. 文字

文字的选择及排列组合直接影响到版面的视觉效果，可以说文字是所有视觉媒体中非常重要的表现因素之一。选择合适的字体，能够使整个版面的设计需求及风格的定位得到充分的满足。

文字是版式设计中最基础的元素，既可以代表某种风格款式的字体，又可以理解为文字的一种图形样式，既是字又是图，形式多变而丰富。19 世纪 80 年代以来，字体设计师提供了各种版本、各种类型的字体。计算机字库里提供的字体选择不胜枚举，这也使得版式设计增加了挑战性，当今设计师只有在不断感受和体会之中去安排好这些潜力无限的基本元素。

每种类型的字体都有自己的风格与情感特征，不同字体之间的组合也会产生不一样的视觉效果。它们的大小、排列、字形、间距等都会影响版面的每一寸空间。

图 1-58　*Elephant*（第一期）/ 设计师：Matt Willey

这本新的“艺术与视觉文化”杂志由 Marc Valli 创办和编辑，由 Matt Willey 负责设计并担当艺术指导。在版式布局中，设计师创造了粗体字体，并使文字自由排列，同时和图片搭配协调。所有这些因素使读者能够在视觉世界里得到更丰富的美的体验。

2. 图像

在版面的视觉表现中，图像是极为重要的元素。图像的处理，图像与文字、图像与图像之间的编排，直接影响到版面的视觉效果。

人类最早用来传递信息的就是图形，其远远早于文字。现代社会，人们已经步入“读图时代”。图像已经成为了更加直接、更加便利、更加形象的信息传递方式。图像能够提高视觉传递的效果。

图像的来源方式可以有摄影、绘制、计算机合成等。图像多样的表现形式，图像的不同排列情况，图像的大小、形状、色彩等都能产生丰富的版式设计效果。

图 1-59 *Wanderlust*/ 设计师：Samantha Fine，Jessica Marak，Jared Bergeron，Andrew Spalding

这是一本关于学生出国留学的杂志。设计师实验性地探索了杂志的排版布局，利用自己的摄影作品作为内容的补充。设计元素被精心地策划安排，以最好的效果来分享留学经历者的故事和留学欧洲的经验。

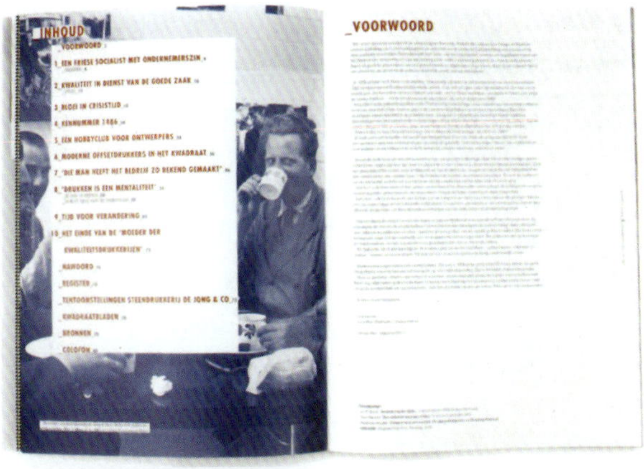

图 1-60　*Graphic Happiness*（第一期）/ 设计公司：Trapped in Suburbia

该作品是Trapped in Suburbia设计公司为“平面幸福——荷兰平面设计 100 年”展览所设计的出版物。该出版物堪称荷兰设计史上的一个特定的组成部分，讲述了荷兰著名的“de Jong”印刷厂和设计师之间的故事。这本书的封面由五层纸叠加而成，最终呈现出印刷厂的标志“de Jong”。层层覆盖的封面象征着印刷人员和设计师之间的默契。蓝色和橙色的组合使页面显得更加活泼。图形的运用生动、大方。

3. 色彩

色彩是视觉的第一感染力，是人们对客观世界的一种感知。无论是在大自然中还是社会生活中，都存在着各种各样的色彩，人们的实际生活与色彩密切相关。

人类对色彩的感知与人类自身的历史一样漫长，物体的色彩与形状一同作为最基本的视觉反映存在于人类日常生活的各个方面，色彩是人类视觉符号中最重要的语言符号。色彩是适合传递情绪、情感的元素，但色彩的选择也必定会受到文字、图形所确定的主题方向的限制。

色彩的色相、明暗、冷暖、面积等因素都会带来不一样的版面感受，每一种颜色都有自己的基本情感属性。同时，在不同的文化、政治背景下，色彩也会具有特殊的情感指向。

图 1-61 《美丽的京剧》/ 设计师：吕敬人、吕旻

2007 年“中国最美的书”获奖作品，设计师从京剧中提取了丰富的色彩元素，恰到好处地将戏曲的艺术氛围体现得淋漓尽致。

图 1-62 *Surprising the Future*

设计师利用黑白两色，结合摄影的手法，将未来的惊喜体现在读者面前，这样的颜色会给人一种对未来的思考与遐想。

图 1-63 《豆腐》/ 设计师：Cheryl Chong

以豆腐为主题，用白色诠释禅宗“空”与道家“无”的思想，该食谱在外包装、纸张和版式上都贯彻了纯净平和的设计理念。

图 1-64 *PYMES-Constructivist Redesign*/
设计师：Boris Vargas Vasquez

三、版式设计的网格体系

1. 网格的溯源

平面网格是指一种平面设计的组织原则。网格能将其所控制的元素以一种中性的、平常的空间排列起来，并且易于接近。网格系统能帮助读者理解其用途。从某种意义上来说，网格系统就像一个视觉上的分类柜。由于网格设计直接影响着作品风格，因而网格设计也有其具争议的一面。对于有些平面设计师来说，网格设计无疑已经成为工作流程中的一部分，它能带来精细、有序和清晰的设计作品。而对于其他平面设计师来说，网格设计则是束缚人们追求自我表达的保守设计方式，甚至被认为是对美感的压抑和压迫。其实，我们应该在继承与突破中看待网格设计，使其更好地为版式设计服务。

网格设计的发展历史曲折而复杂。众所周知，现代平面设计是一个比较年轻的行业，但是平面设计早在罗马人和希腊人出现之前就已经被人使用了。西方平面设计中所使用的网格设计在工业革命时期就得到了充分的发展，同时西方各个艺术流派的艺术风格及不同时期的审美精神都对其产生了影响，网格设计得到了多元化的发展。

2. 网格版式的特点

玛丽安·班杰斯（Marian Bantjes）曾说过："设计与排版就像一套裁剪得体的西装一样：一般人不会特别注意手工缝制的纽扣（字距）、裁剪良好的缝褶（完美的对齐）、优良的面料（完美的字体规格）等，他们只知道这套西装看起来值一百万美元。"从这句可以看出网格设计在版式设计中的重要性。

网格的主要构件包括栏目、模块、空白、空间区、流线和标志。网格能够为读者组织空间和信息，它为整部设计作品提供一种理性的规划。

（1）栏目。栏目指能容纳文字和图像的栏目容器。页面或屏幕栏目的宽度和数量依据内容的差异而不同。

（2）模块。模块指从连续的空间中分离出来的单个分块，能提供连续的、有序的网格。相连的模块可以建立不同尺寸的行列模块。

（3）空白。空白指缓冲区，代表修建区（包括边槽）和页面内容之间的空间数量。空白区还可以提供诸如注释和说明文字等二级信息。

（4）空间区。空间区指可以为文字、广告、图像或其他信息构成特定区域的模块组或栏目组。

（5）流线。流线指可以将空间分成横条的线，即行的对齐方式。流线不是一条实线，它是一种利用空间和构件元素引导读者阅读的方法。

（6）标志。标志指帮助读者寻找文件的标示性元素。标志标明出现在同一个位置的素材的方位，包括页数、页首标题和页脚（页眉、页脚），以及图标。

网格也包括很多基本的结构模式，如单列网格、双列网格、多列网格、模块网格、层级网格等，合理的网格结构能够将版面的元素进行理性的整理。

图 1-65 Zürcher Künstler im Helmhaus/ 设计师：理查德·P·s 罗塞 / 1950 年

设计师使用的是受人欢迎的红色和绿色的对比，而且是柔和的绿色和深邃的红色搭配。垂直字行所在的背景窗由白色矩形创造出来，而且在前景中做水平重复。红色线段构成了前景文字的框架，并把两个文字块联系了起来。

3. 网格版式的应用技巧

网格的划分形成隐形的垂直线和水平线。版面编排中各个元素都要接受它的引导，排列成序。虽然网格的划分有助于元素的安排，但这并不代表设计师就是僵硬无趣地将元素排列。就像其他的系统方法一样，如果发挥想象力、运用得当，网格版式一样能够有活泼生动的效果。

建立网格首先要考虑的是原稿所包含的元素，研究文本有多长，独立的小文本有多少，图片的数量多少以及大小体量，合理地统筹原稿中的每一个元素。网格划分得越细、单元越小，元素摆放位置的选择也就越多，但条理秩序就有一定的难度。相反，网格划分简单，元素摆放位置的选择不多，但秩序会得到明显的改善。因此根据内容合理建立网格是很必要的。网格版面的构成方式分为水平构成、水平和垂直构成、倾斜构成。

图 1-66　水平构成的版面形式

图 1-67　水平构成版面的网格分析

图 1-68　水平和垂直构成的版面形式

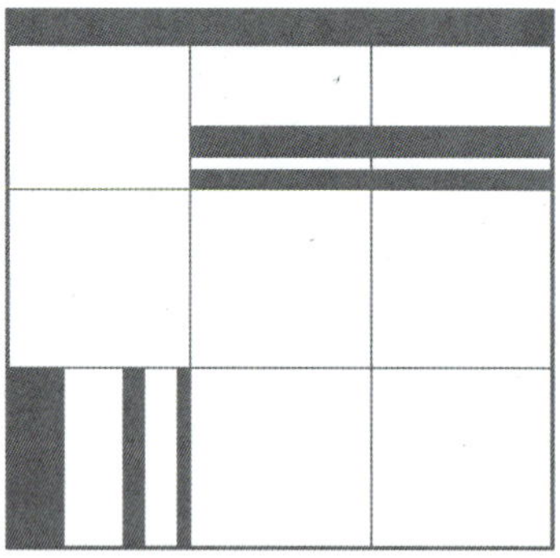

图 1-69　水平和垂直构成版面的网格分析

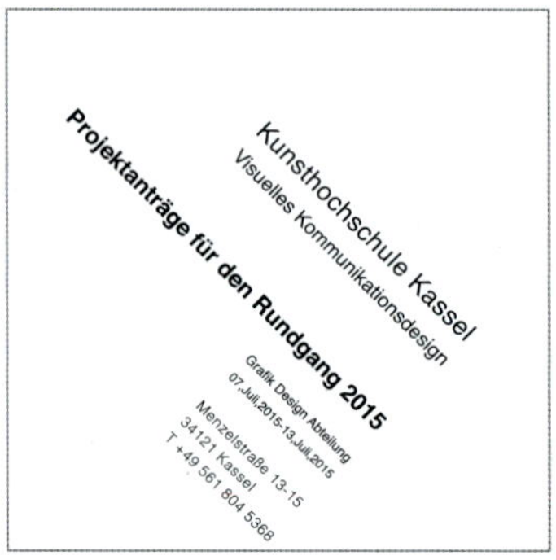

图 1-70　倾斜构成的版面形式

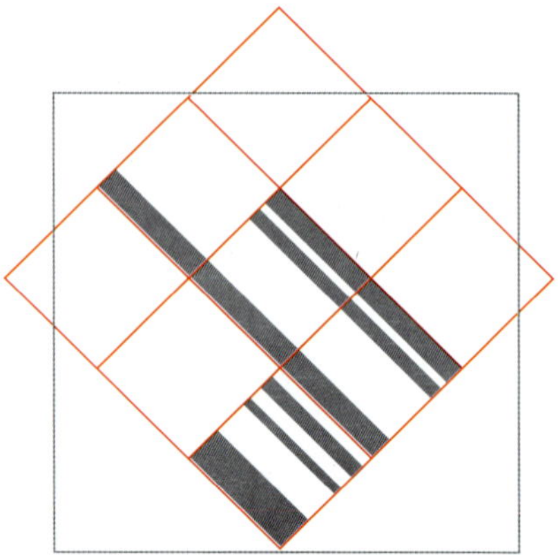

图 1-71　倾斜构成版面的网格分析

四、版式的综合设计

1. 设计思维

版式设计的设计思维是一种以解决问题为导向的思维形式。从目标或要达成的效果入手，通过设计方法，探索问题中的各项参数变量和解决方法。从市场调查入手，了解客户的需求，解析设计对象的属性，选择适合诉求对象的设计风格，运用合理的设计方法完成版式设计。

版式设计不但要尽量达到视觉上的美观，而且在版式设计的过程中，要将设计风格与设计对象的定位相结合。视觉是人的主要审美感官，当读者阅读时，版式设计会优先于内容给读者留下深刻的印象。优秀的版式设计往往会吸引读者进一步阅读内容。相反而言，当读者阅读一份没有设计感的印刷品时，它的版式设计甚至会给读者带去窒息感，读者恐怕很难继续阅读内容。也就是说，版式设计具有"广告效应"。版式设计中每一个具体可感受的文字、图像、色彩、线条等形式因素都能够影响读者的感受。

2. 空间表现

影响空间表现的因素有纸张的开本、平面构成、三维空间构成和材料及工艺。

1）纸张的开本

版式设计的主要载体为纸张，为了能够使版面在印刷媒体中合理地展现，设计师有必要对纸张这种最普遍的平面媒体进行全面的了解。

在印刷品中，版面即印刷品的页面，版面的尺寸取决于纸张的工业加工标准。版面的大小称为开本，开本以全张纸为计算单位，每张纸裁切或折叠多少小张就称为多少开本。

我国生产的纸张有几种常用的规格：787 mm×1 092 mm，850 mm×1 168 mm，880 mm×1 230 mm，889 mm×1 194 mm。其中787 mm×1 092 mm的纸俗称"正度纸"，国内现有的造纸、印刷机械绝大部分都是生产和应用此规格的纸张。889 mm×1 194 mm的纸俗称"大度纸"，这种规格的开本要比其他同样开本的尺寸大，利用率高且形式美观，是比较通用的一种规格。

国际标准组织（ISO）制定的纸张规格标准有A、B、C三个基本系列，整张纸的尺寸分别是：1 189 mm×841 mm，1 414 mm×1 000 mm，1 297 mm×917 mm。国际标准用数字表示裁切的次数，如A型纸整开为A0，对开为A1，4开为A2，8开为A3，16开为A4，以此类推。

为了体现设计效果，在选用纸质材料的时候设计师经常会选择特种纸。特种纸多为进口纸，受限于各造纸厂的工艺要求，特种纸的规格往往会不统一，因此在设计之前必须了解纸张的尺寸大小，以避免制作环节的成本控制有误。

2）平面构成

平面构成是将视觉元素在二次元的平面上，按照美的视觉效果和力学的原理进行编排和组合，它是以理性和逻辑推理来创造形象、研究形象与形象之间的排列的方法，是理性与感性相结合的产物。平面构成构筑于现代科技美学基础之上，它综合了现代物理学、光学、数学、心理学、美学等诸多领域的成就，带来新鲜的观念要素，并且它已成功应用于艺术设计诸多领域，成为现代艺术设计的基础。

平面构成主要是运用点、线、面和律动组成结构严谨、富有极强的抽象性和形式感，又具有多方面的实用特点和创造力的设计作品，与具象表现形式相比较，它更具有广泛性。平面构成是在实际设计之前必须要学会运用的视觉艺术语言，它能帮助设计师进行视觉方面的创造，了解造型观念，通过训练熟练各种构成技巧和表现方法，培养审美观及美的修养和感觉，提高创作活动的造型能力，活跃构思。版式设计中，我们会大量运用到平面构成的技能，将版面中的文字、图像、栏线等诸多要素运用平面构成的方式在版面中进行有机组合。

3）三维空间构成

我们通常理解的版式设计是在二维平面上的设计，实际上版式设计也有三维甚至四维空间的设计。当读者在翻阅一本书或杂志时，一个个页面是二维平面的，但加入了翻阅这一过程，就不简单的只是静态的平面设计了，设计师需要意识到阅读的过程以及印刷品的立体呈现。

4）材料及工艺

材料及工艺会对版式设计的最终视觉呈现产生影响。不同的材质具有不同的审美特征和情感特征。材料的硬挺、柔软、粗糙、细腻都会唤起读者一种触觉的新鲜感。人们常说："墨香纸润，开卷有益。"打开印刷品，纸的气息、墨的气味，随着印刷品的翻动不断地刺激着读者的嗅觉。古人读书时，贝叶书细微的沙沙声，竹简书在翻阅时清脆的碰撞声，缣帛书柔软的摩擦声……到如今现代书发出的好似积雪沙啦沙啦的微弱声音，电子书优雅的音乐背景……五感的综合作用，使读者完成了阅读的心灵体验，形成了对印刷品的总体印象。

图 1-72　Ewaan 公司宣传册 / 设计师：Omar Reda

Ewaan 公司不仅是一家房地产开发公司，它更是一个理想生活社区的构想者。这本宣传册是基于该公司的企业标识所设计的，版式布局堪称美学设计与图片的完美结合。

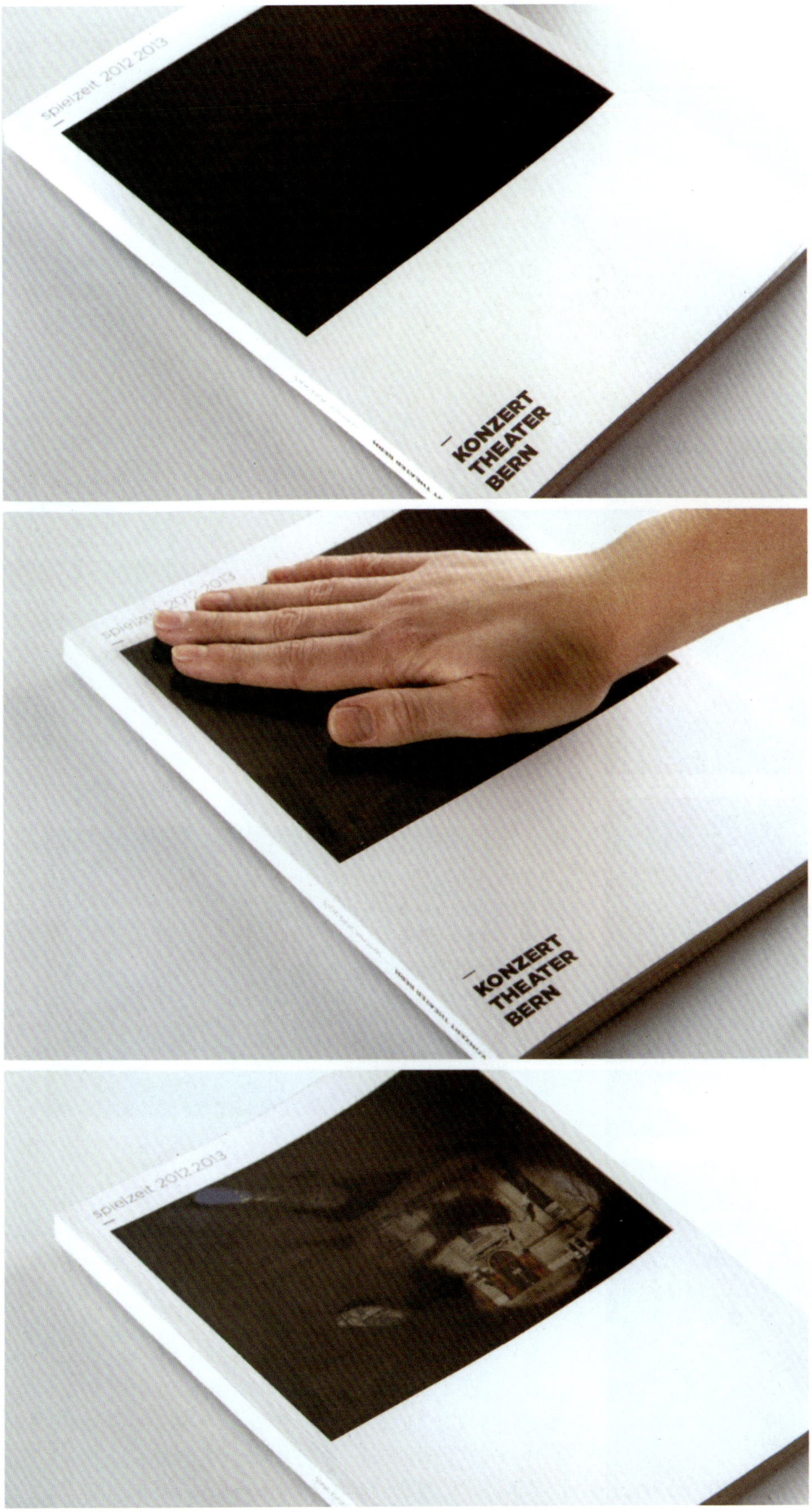

图 1-73 *Konzert Theater Bern*/ 设 计 师：Svenja von Doehlen, Tim Finke, Timo Hummel, Steffen Wierer / 瑞士

3. 动态版面

版式设计还涉及网页的版面、App 的版面、移动终端的 UI 界面、户外多媒体宣传版面等。它们的共同点，也是有别于其他媒体的特点就是动态——一种信息和视觉的连续性传达方式。

动态版面的设计需要在了解技术的情况下，用最好的用户体验来满足读者的阅读需求。

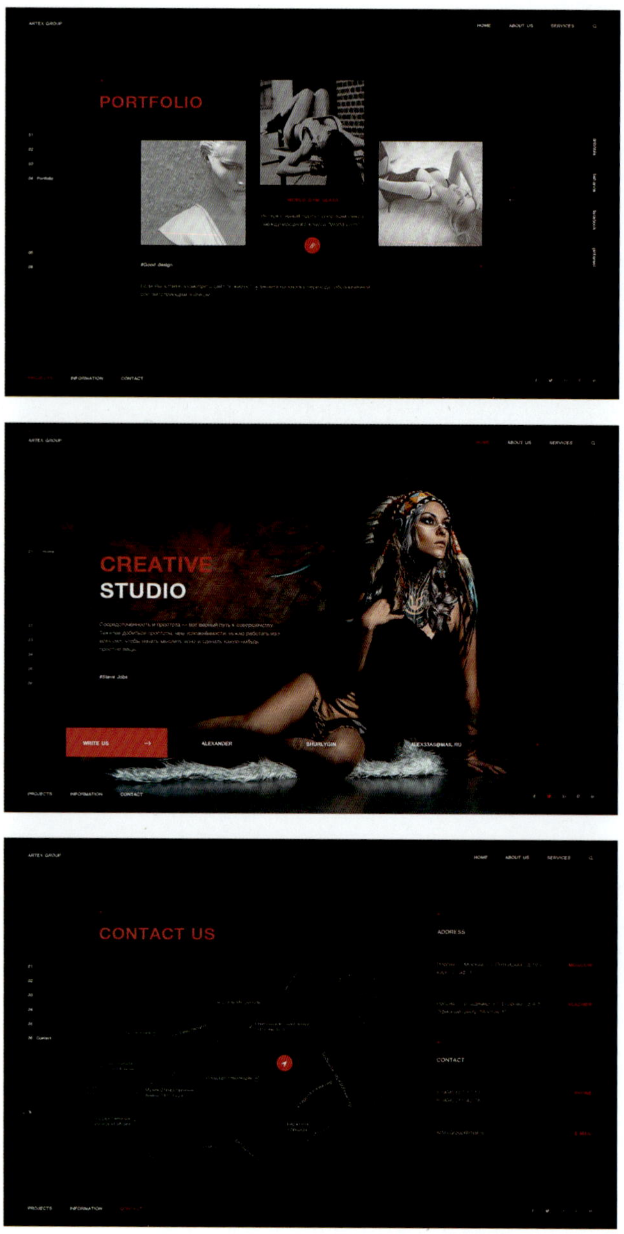

图 1-74　Creative Studio 网页设计 / 设计师：Artex Studio

专业的网页视觉形式关联了整体营销模式的需要、信息内容的传达和网页技术的更新，以及审美标准的变化。它具有独特的艺术性、体验性、互动性等。网页中每个静止的页面都是一个成熟的版式设计，而且每个页面之间都有独特的逻辑联系和视觉关联性。

图 1-75　故宫日历

故宫出品的一款手机 APP，以电子日历为基础功能，日历的每日界面中甄选了故宫博物院的院藏珍品，使用者在使用时可纵览各领域珍贵文物及代表作品，在欣赏珍品之余还能够了解部分文物的工艺要点及其背景故事。这款 APP 还具备心情笔记记录及分享功能，用户注册、登录后可对笔记进行保存和不同设备间的同步操作。

2

第二章
版式设计的实训

第一节　训练一　版式设计的基础训练

第二节　训练二　单页广告的版式设计

第三节　训练三　折页、宣传册的版式设计

第四节　训练四　网页的版式设计

章节提示

本章为版式设计的主要知识点和训练实践部分，是本教材的核心部分。本章以四个训练串起版式设计的全部教学内容，并通过基础网格、报纸设计、宣传物设计、网页设计几个方面的实践训练，完成版式设计的创意手法和实践操作技能的学习。针对课时的安排和因材施教的需求，可以根据四个训练的难易程度进行选择搭配。

第一节　训练一　版式设计的基础训练

一、课程要求

1. 讲授目的

版式设计的基础训练中不可缺失的一项就是网格体系的认识与训练。网格体系作为一种行之有效的版式设计形式法则，它使所有的版面构成元素之间的协调一致成为可能。要通过版式设计的基础训练，了解网格体系的多种形式及特点，了解不同网格形式的情感传递。与此同时，还要熟悉相关软件的应用，以及出版印刷的一些知识点。

2. 作业及要求

作业 A

简单版式设计，将指定的文字元素通过网格的不同组织方式，进行多种方式的排版。

作业呈现方式：效果图电子文档。

电子文档要求：10 cm×10 cm；格式：pdf（位图文件 300 dpi 精度）。

作业 B

报纸版式设计，通过网格体系的训练，运用文字、图像等版面元素进行有效的版式设计。

作业呈现方式：设计打印实物及电子文档。

电子文档要求：390 mm×540 mm(4 开)；数量：2 页；格式：pdf（位图文件 300 dpi 精度）。

3. 时间要求

作业 A 建议课时 8 课时。

作业 B 建议课时 12 课时。

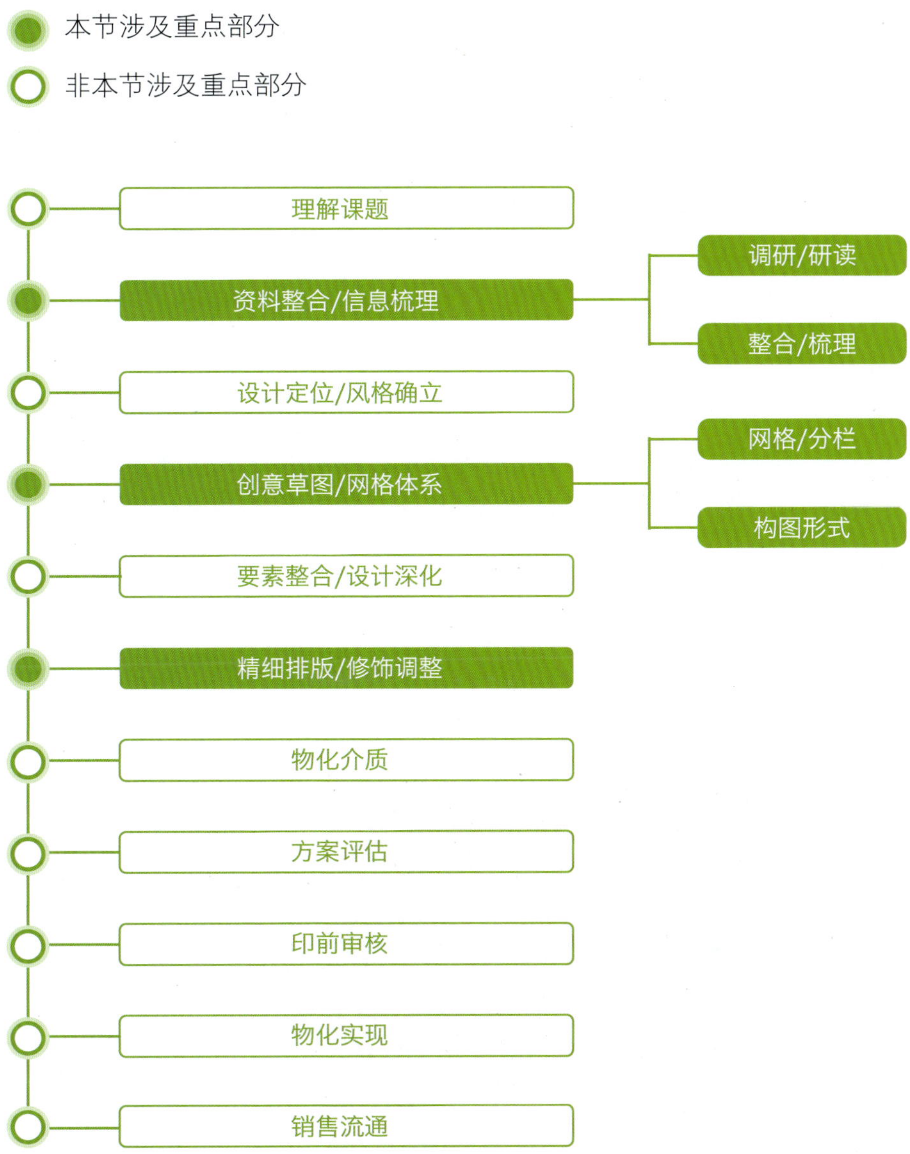

本节涉及重点部分
非本节涉及重点部分
理解课题
资料整合/信息梳理
调研/研读
整合/梳理
设计定位/风格确立
创意草图/网格体系
网格/分栏
构图形式
要素整合/设计深化
精细排版/修饰调整
物化介质
方案评估
印前审核
物化实现
销售流通

二、案例分析

1. 国内外优秀版式设计的网格分析

每一个版面都可以进行理性的网格分析，从下面的案例分析中可以看出：无论是感性的、活跃的风格，还是理性的、规矩的状态，文字、图形等诸多要素都是有秩序、有节奏地排列于版面之中的。

图 2-1 为 1992 年度瑞士最佳海报，由奥德玛特和悌西设计事务所设计。白色的瑞士十字标志与圆弧线形成版面的图形中心，从右边的网格分析中可以看出，圆弧的直径刚好是海报长边尺寸的一半，圆弧的视觉导向恰到好处地表现了文字与版面。

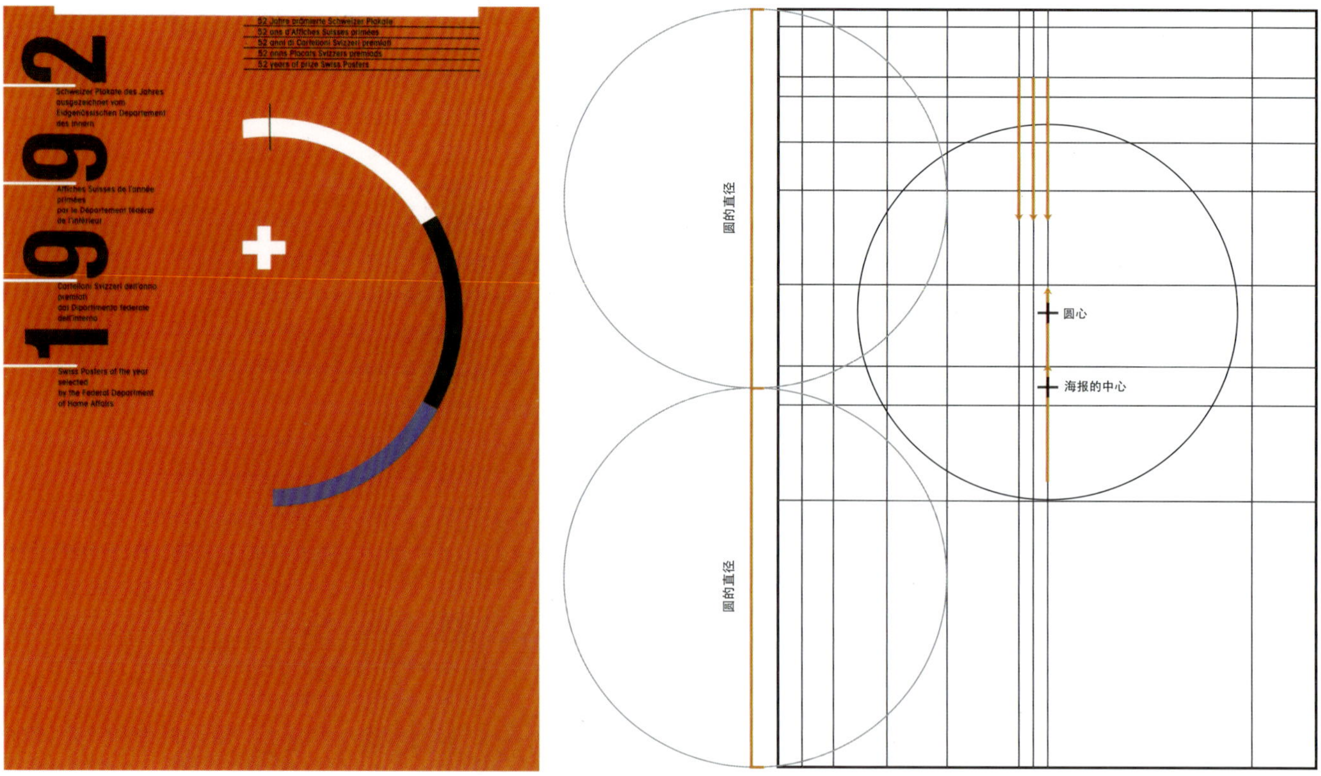

图 2-1　1992 年度瑞士最佳海报 / 设计者：奥德玛特和悌西设计事务所

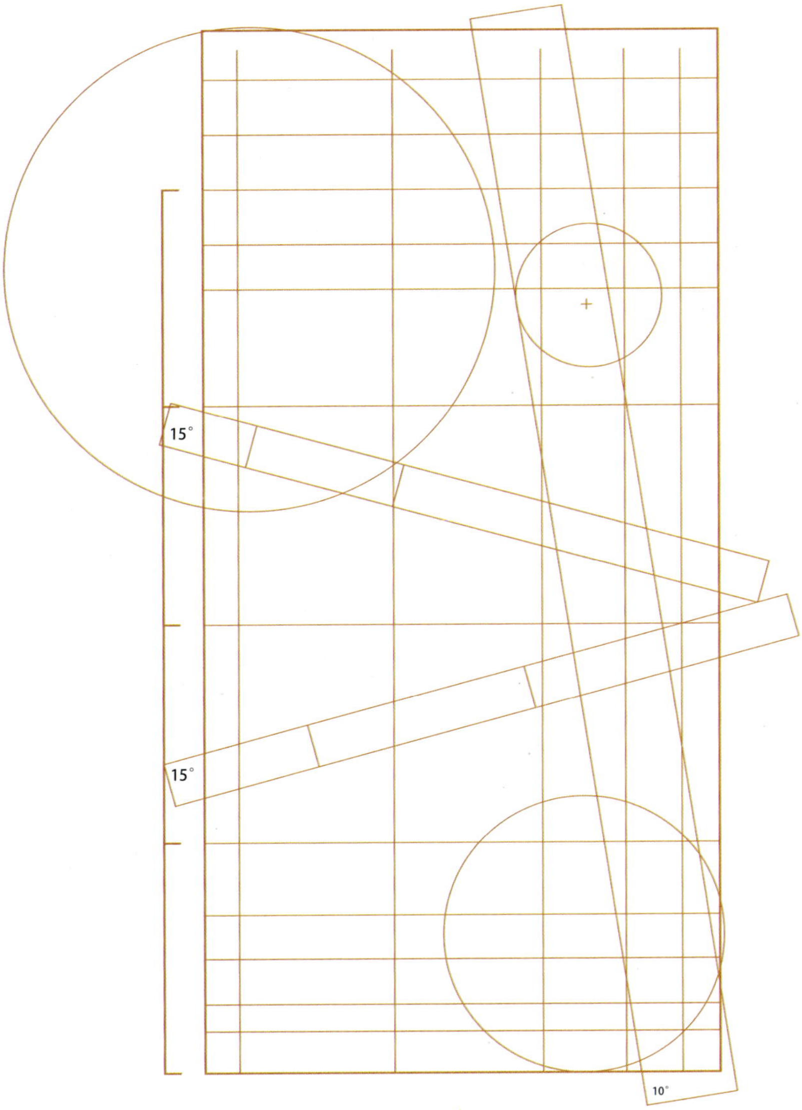

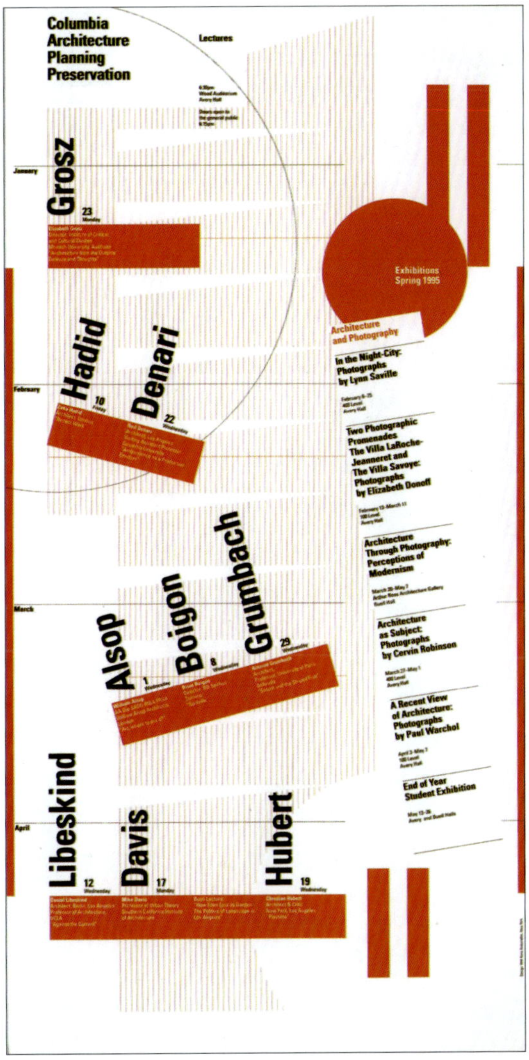

图 2-2　哥伦比亚大学规划与建筑研究生院研究和展览海报 / 设计者：威尔·孔兹

这张海报的设计看似很复杂，但它的传达很清晰。由于内部构成要素的形状、角度和颜色各不相同，这张海报分三个层次：第一层次由许多细线组成，起到了与其他层次相连接的作用；第二层次为红色的几何形，它们各有角度，各有形状；第三层次为信息文字，信息文字顺着第二层次的几何形的方向延展，形成了整张海报的视觉流程，阅读清晰，变化多样。

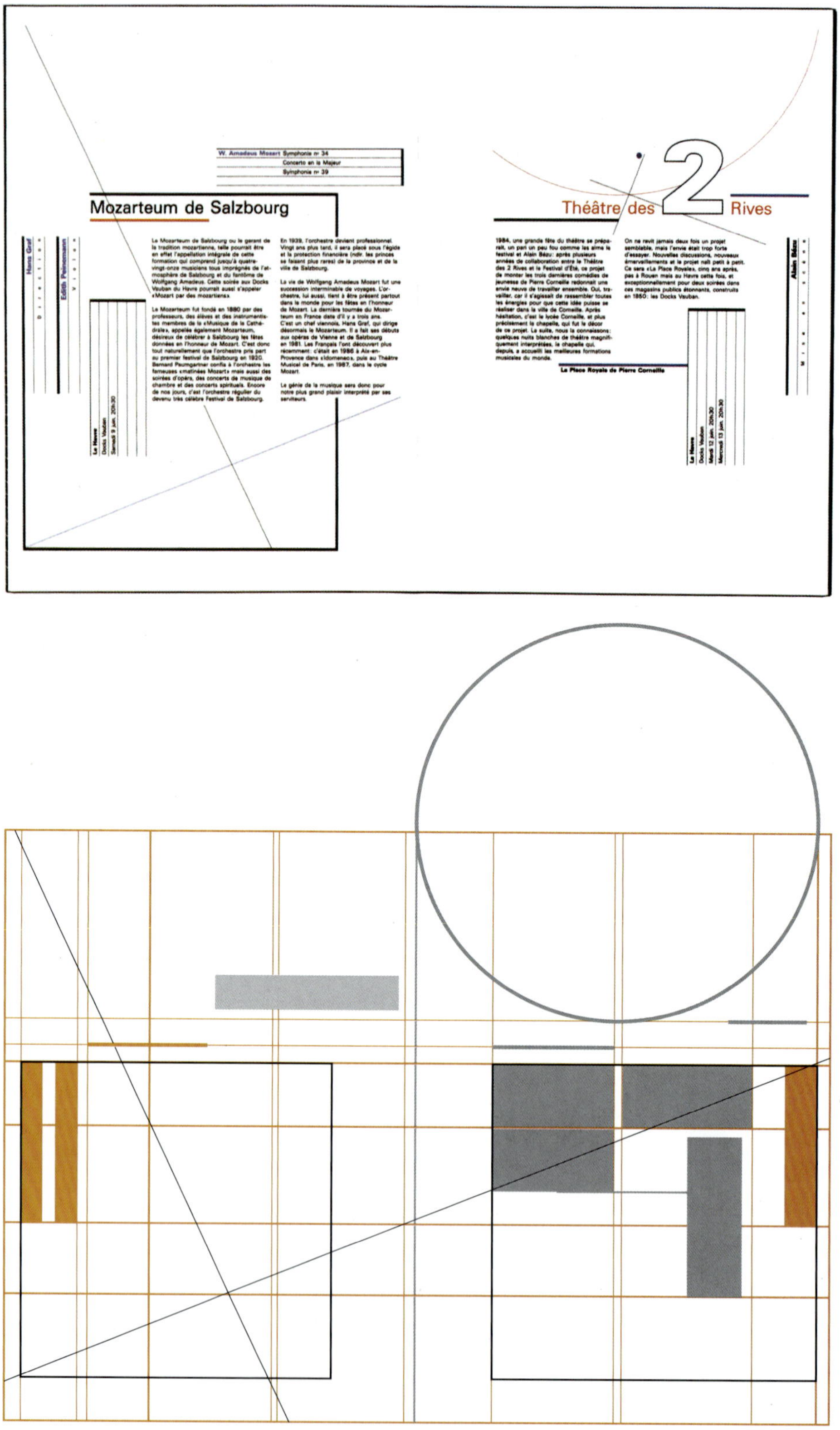

图 2-3　国外书籍的对页设计

整个版式看上去灵活而又富有变化，抽象的构成要素和文字结合紧密。左页的抽象直线元素与右页的弧线既统一又有变化，三栏的划分、横排文字与竖排文字的结合，打破了版面的呆板。在网格的变化中可以寻找到秩序的节奏。

图 2-4 《新版式设计》/ 设计者：简·塔希萧尔特 / 1928 年

整张海报无衬线字体的应用，右图网格中可以看出设计者精心设计的分栏和诸多的要素构成，整个版面干净、简约而富有变化。

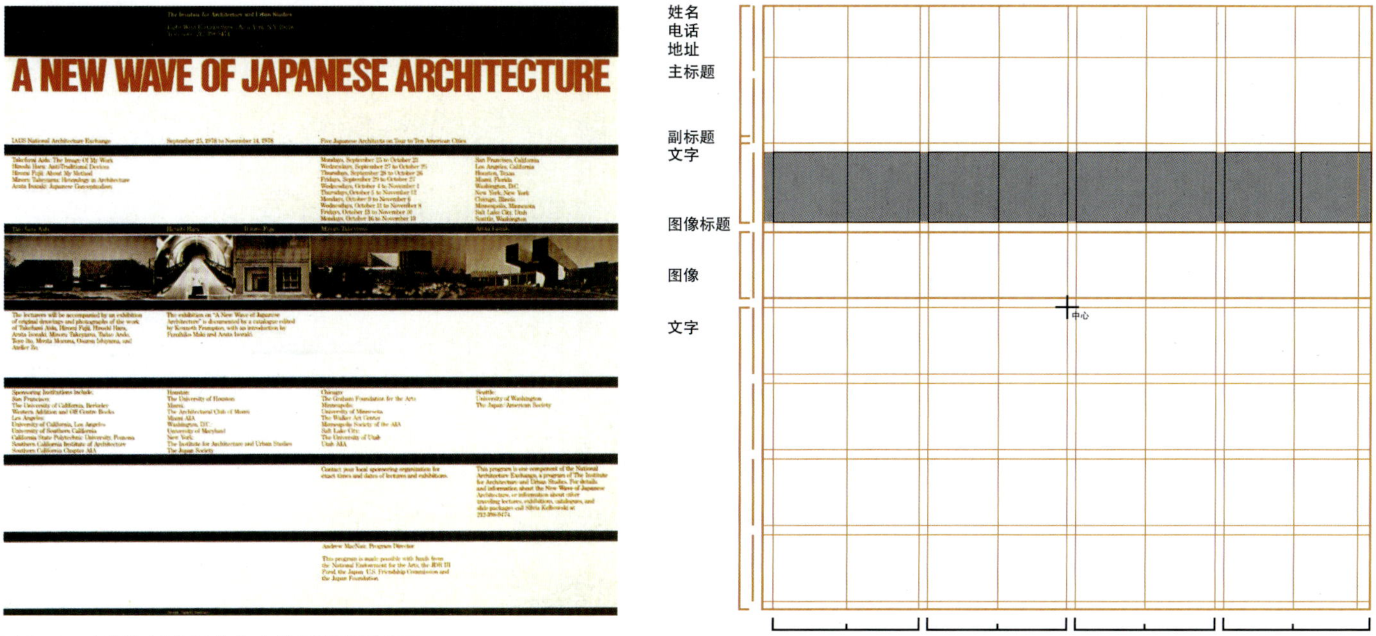

图 2-5　建筑和城市研究协会的平面设计项目

海报由水平的 8 个栏和垂直的 8 个区域组成。设计简约，颜色以红色和黑色为主。

图 2-6　阿姆赫普拉兹剧院的海报 / 设计者：克里斯托夫·加斯纳 / 约 1960 年

版面结构是 8 栏形成 13 个方形的视觉区域。顶部三分之一部分是标题和信息内容，下部三分之二部分为赞助商的广告。

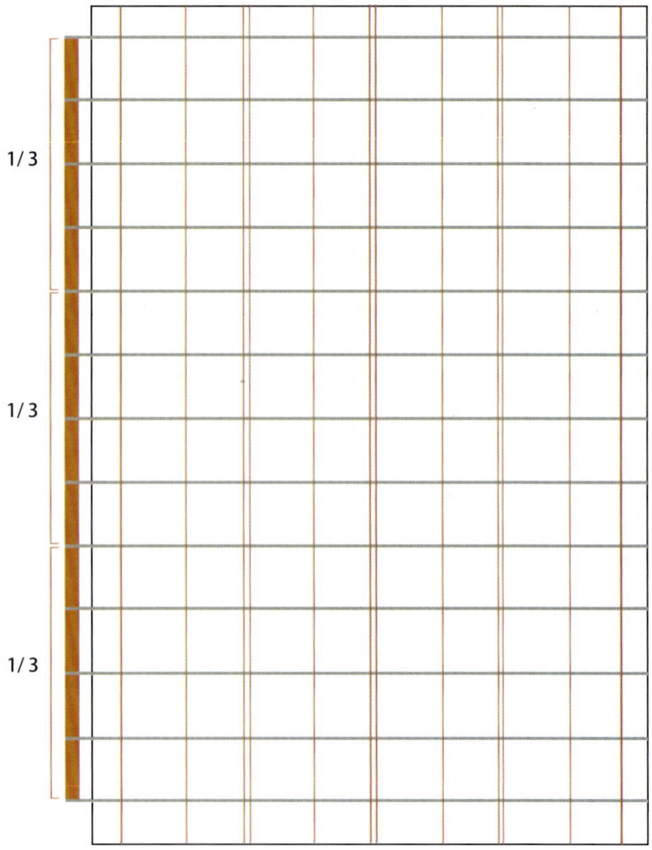

2. 国内外优秀报纸设计的网格分析

报纸的文字信息承载相对于其他出版物更多，所以网格设计在报纸设计中是非常重要的环节。训练报纸的设计能够加强对网格的认识。优秀的报纸设计既需要秉承传统报纸的秩序感，又应该具备现代设计的突破性。

图 2-7　国外优秀报纸设计及网格分析 1

图 2-8　国外优秀报纸设计及网格分析 2

3. 学生优秀作品

将制定的文字信息内容进行层级划分与梳理，通过网格模块的方式在指定大小的版面中进行编排，训练学生的编排能力。

横排有多种编排可能，合理利用空间的比例与节奏的关系，编排出诸多的可能性。

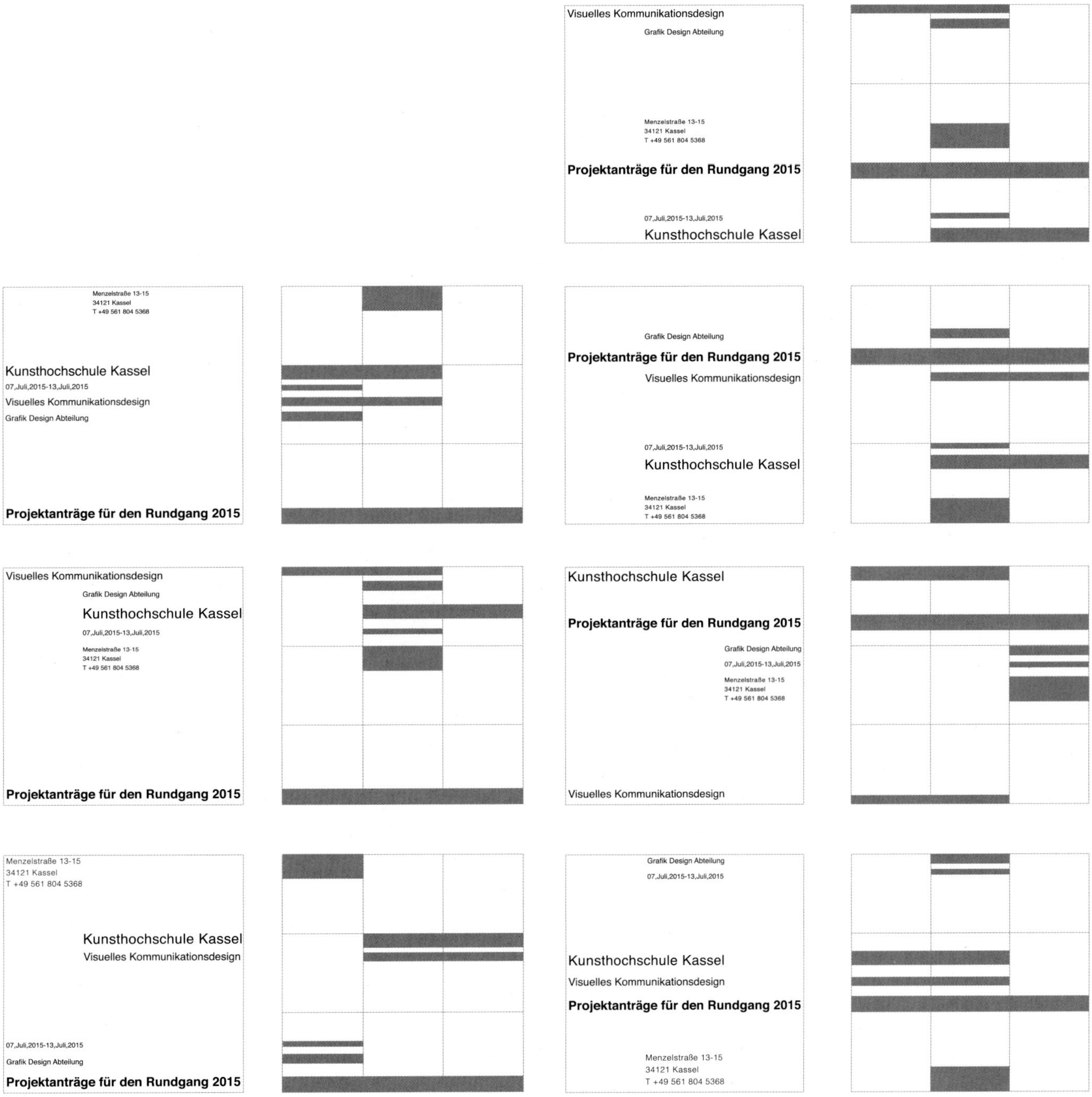

图 2-9　横排版面训练优秀作业

当竖排文字与横排文字并存于一个版面的时候，需要注意文字的走向，也就是通常说的视觉流程。图 2-10 的编排方式明显没有图 2-11 的视觉流程通畅。

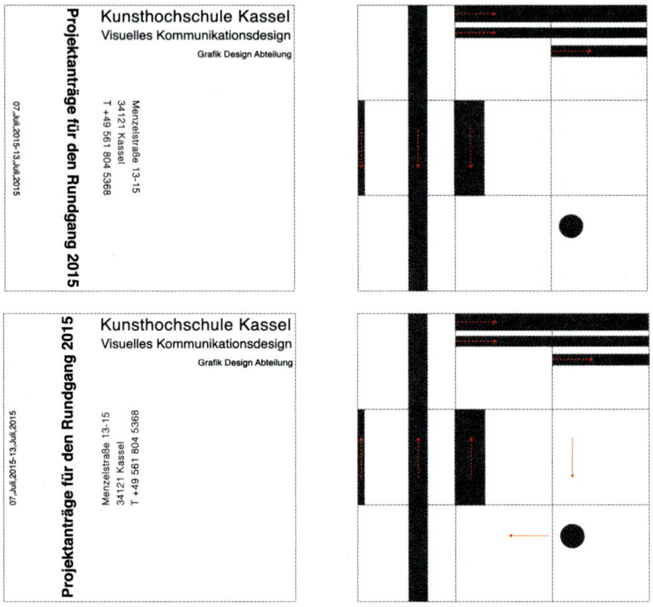

图 2-10　横竖混排版面训练作业（视觉流程不通畅）

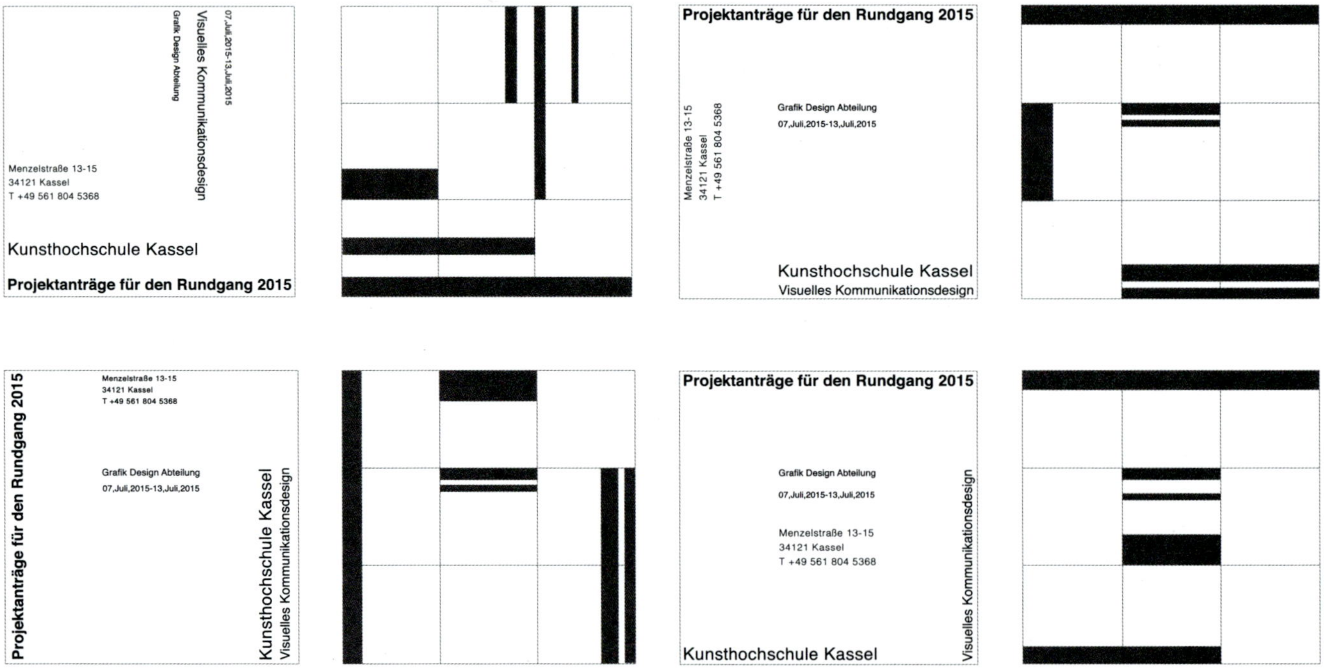

图 2-11　横竖混排版面训练优秀作业

此处训练的是简单的 45° 角的斜排版面。通常的版式设计不会单一地只作一个角度的倾斜，为了让学生能够在短时间接触到横排、竖排以外的排列方式，此处对斜排进行一个小训练。

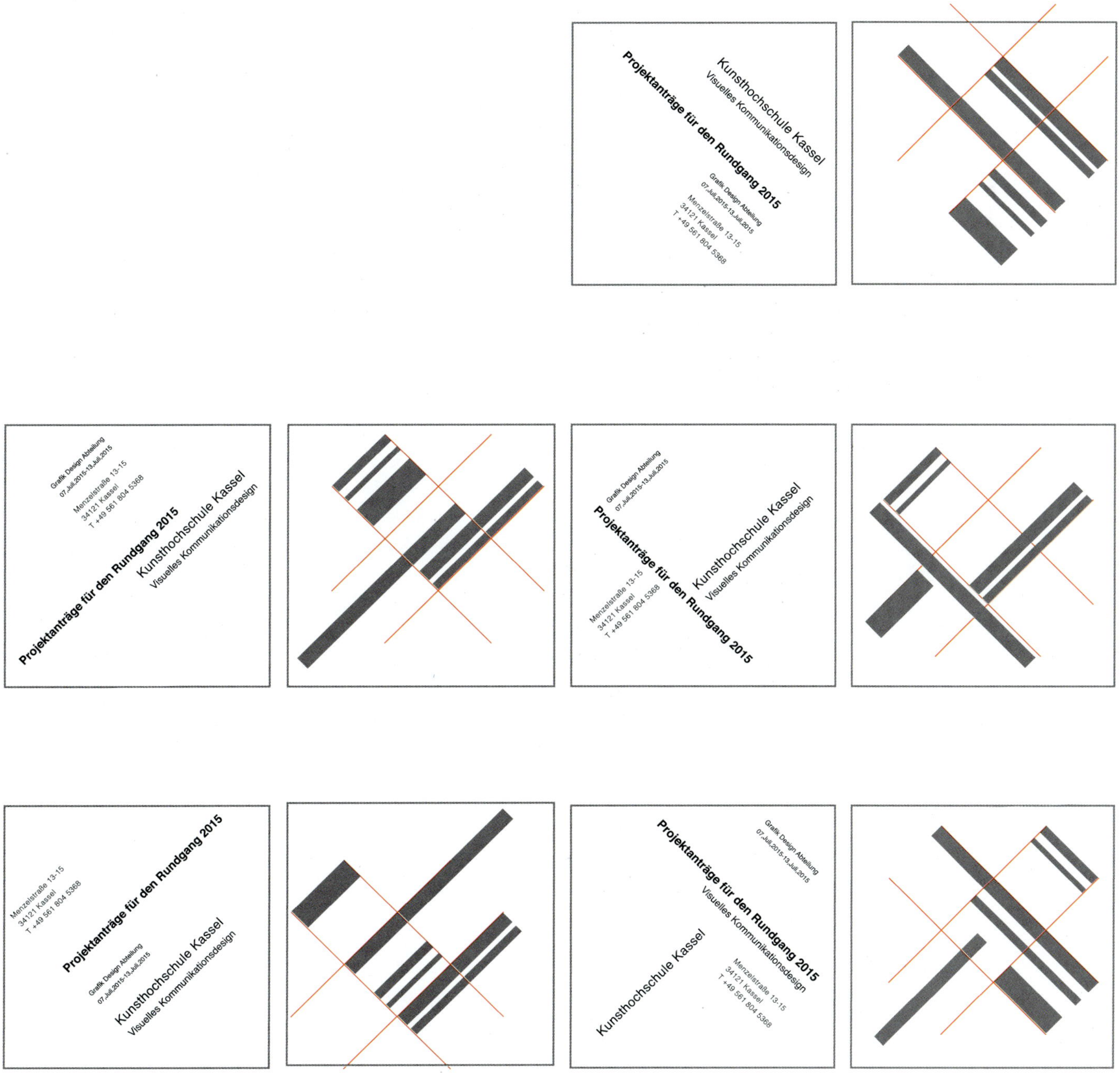

图 2-12　斜排版面训练优秀作业

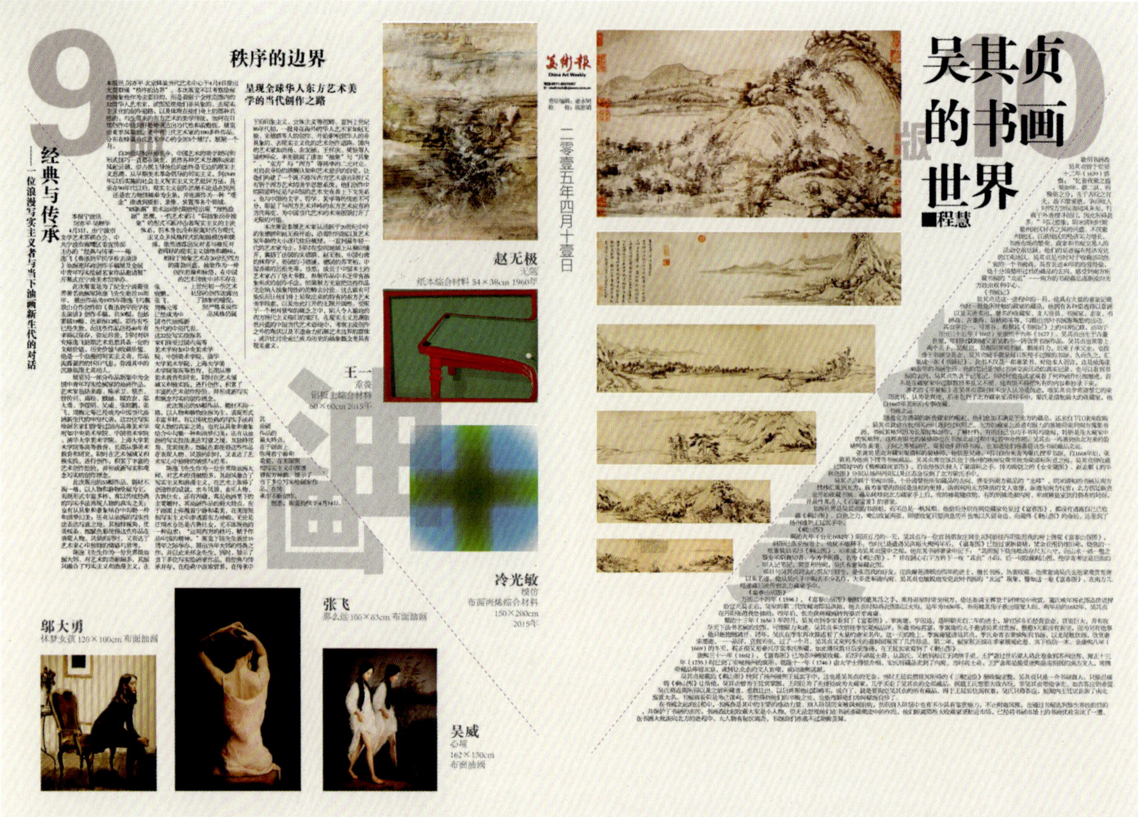

图 2-13 《美术报》版面设计 / 设计者：周怡君 / 指导老师：姜靓

图 2–14 《信息时报》版式设计 / 设计者：何汇 / 指导老师：姜靓

图 2-15 《新京报》版式设计 / 设计者：杨泽航 / 指导老师：姜靓

图 2-16 《经济观察报》版式设计 / 设计者：吕笑雨 / 指导老师：姜靓

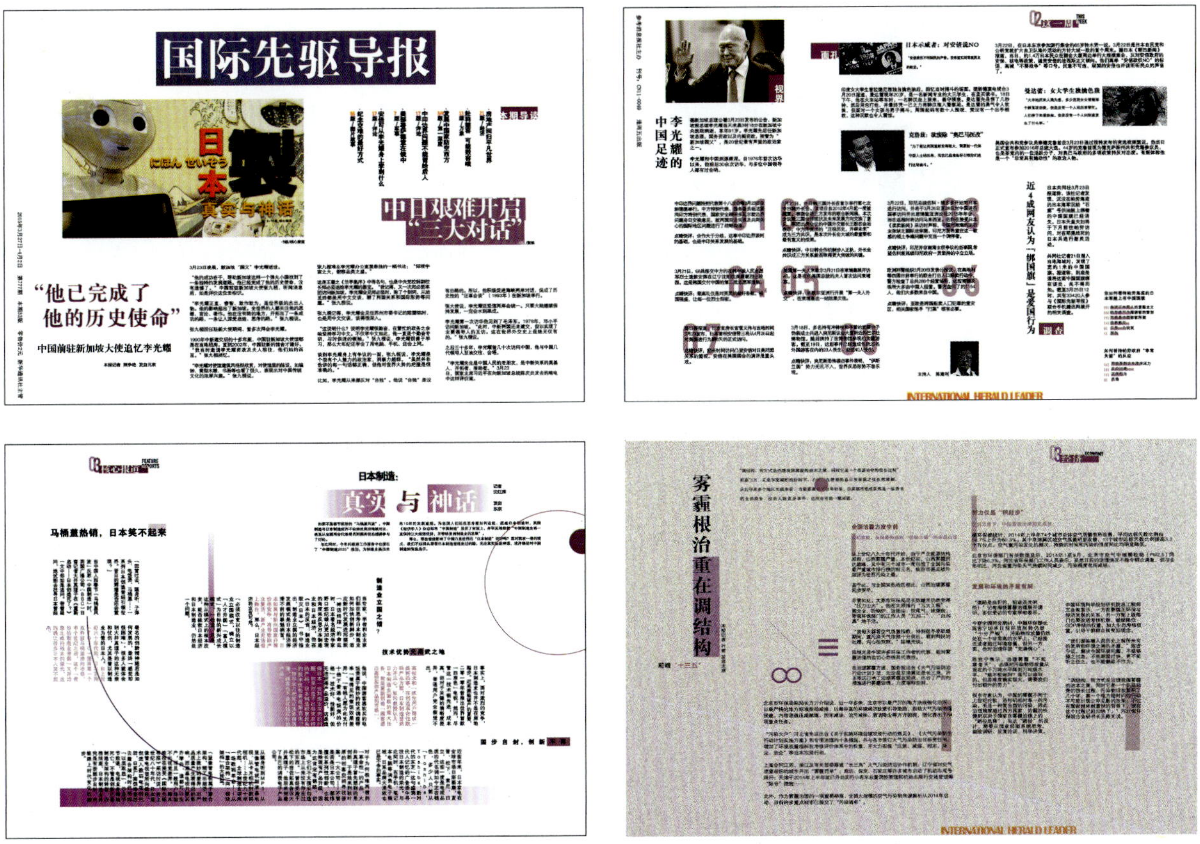

图 2-17 《国际先驱导报》版式设计 / 设计者：曾思欣 / 指导老师：姜靓

三、知识点

1. 版式设计的应用软件

1) Photoshop

Photoshop 是著名的图像处理软件，由美国 ADOBE 公司出品，在修饰、处理摄影作品和绘画作品时，具有非常强大的功能。用 Photoshop 处理一般出版物图片时需要注意几项：图片格式多为 TIFF 格式，像素一般是 300 dpi，尺寸不宜过小，色彩模式为 CMYK 模式。

2) Illustrator

Illustrator 是绘制矢量图和编辑简单平面的专业软件，并可与 Photoshop 或其他 ADOBE 家族的软件紧密地结合使用，可以用于矢量图的绘制和制作，在页数不是很多的情况下，也可以考虑用其排版。

3) Indesign

图 2-18　版式设计应用软件图标

Indesign 是专业排版设计软件，可为印刷或数字出版物设计出极具吸引力的页面版式，还可在页面布局中增添交互性、动画、视频和声音，以提升 eBook 和其他数字出版物对读者的吸引力。可以说 Indesign 是针对艺术排版的软件，是服务于图像设计师、产品包装师和印前专家。Indesign 内含数百个提升到一个新层次的特性，涵盖创意、精度、控制等当今诸多排版软件所不具备的特性。

Indesign 具有系统设计出版物的专业功能，如版心、页眉、页脚、出血的设置，字符、段落的样式规范，色彩系统的建立，印前的准备，等等，给设计师带去很多便利及提供专业的操作。

合理利用好这三个软件，可以让我们的版式设计事半功倍。

2. 网格的秩序

1) 塑造网格——网格基础

版面中的文字、图像、符号、数据表格等要素都需要组织起来，才能达到沟通的效果。网格就是一种把所有零散的要素有机组织起来的方式。网格并不仅仅是严谨和机械化，也能有秩序地松散。运用好网格，可以使版面在简约的风格下，达到条理清晰，同时又能保持设计的连续性。

塑造网格时常用的网格形式或方法有以下几种：

（1）虚空间组合。虚空间也可称为空白空间，就是那些没有被构成要素占据的空间。这些空间的形状和构成会对读者怎样感知版面产生直接的影响。如果那些构成要素没有被合理地组合，每一个组合要素周围都会产生虚空间，那么这些虚空间就会显得杂乱，整体版面显得无序、无组织。而当那些构成要素被合理组合后，虚空间也会相应得到整合，从而得到一个有序、协调的版面。

（2）四边联系与轴联系。用好版面的四边和轴，对创造和谐的版面起到

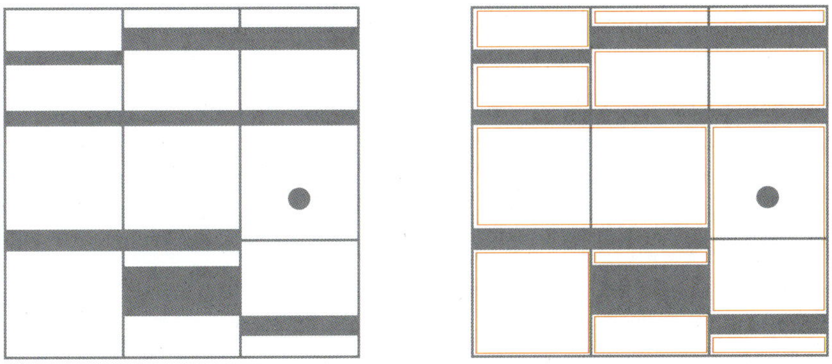

图 2-19　虚空间未组合版面

虚空间未组合的版面杂乱无章，其中至少有 10 个空白空间，如红框所示。整体版面无视觉吸引力。

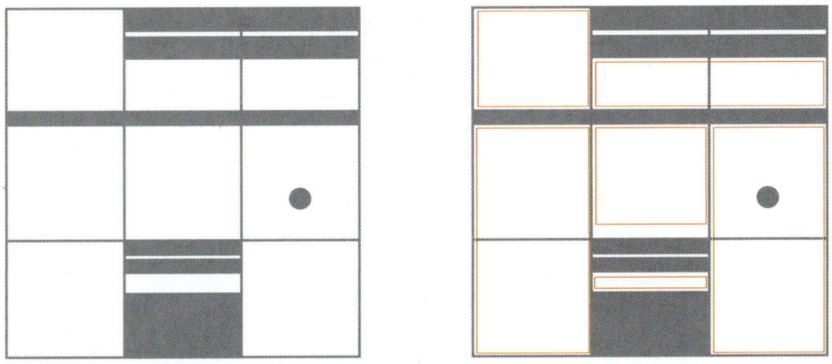

图 2-20　虚空间组合版面

虚空间组合后的版面，有 6 个空白空间，如红框所示。空白空间数量减少，面积变大，整体版面舒展、有序。

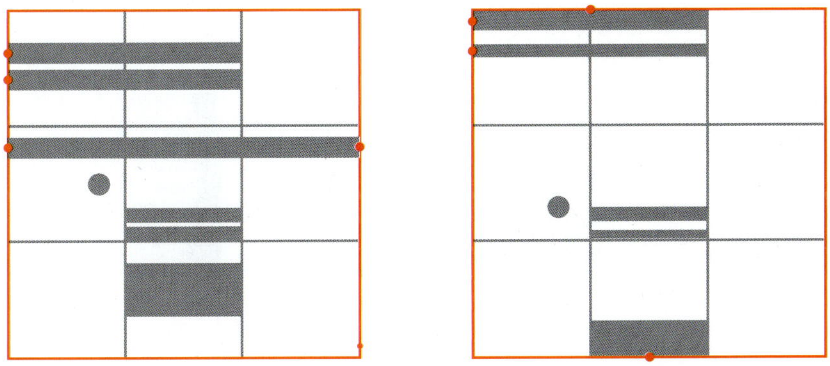

图 2-21　四边联系

左图为弱的四边联系，由于没有要素连着顶端边线和底端边线，虚空间被分割成很多小空间，整体版面略显凌乱。

右图为强的四边联系，由于构成要素和四边都有紧密接触，空间分割不多，版面看起来比较舒展、有节奏。

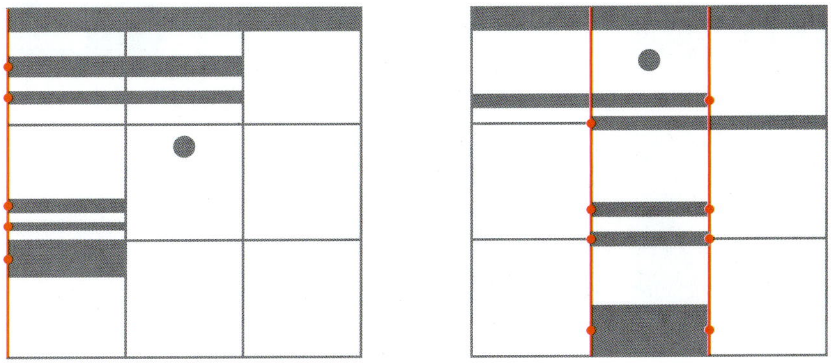

图 2-22　轴联系

左图为弱的轴联系，在这个结构中，轴的关系主要集中在版面的左边，右边略空，缺失了平衡美。

右图为强的轴联系，有更多的构成要素线性排列在这两根轴上，整体版面均衡而有节奏变化。

至关重要的作用。如果没有任何构成元素靠近顶端边线和底端边线，会使得虚空间挤压构成要素，整个结构就显得漂浮无根。反之，虚空间会相对变大，整个版面的视觉空间会相对舒展。轴的偏移也会给版面带来重心不稳的局面，合理配置轴，能够使得版面秩序更加有序。

（3）栏式网格。栏式网格通过垂直的栏把非连贯性的信息组织起来，使其条理清晰。栏式网格中的栏是灵活的。我们可以将版面划分成若干个栏，在规律的划分中寻找变化。例如，划分三栏，一栏放图片，两栏放文字，等等。栏的宽窄取决于文字的大小与多少，目的是找到一个合适的宽度能够在一排内放置某种尺寸的合适数目的文字。

栏式网格按分栏数目不同可分为单列网格、双列网格、多列网格。

① 单列网格。单列网格一般用于连续的文本，如论文、报告或书籍。页面及对开页面的主体是文本区。

② 双列网格。双列网格用于控制文本较多，或在分隔的栏目中提供各种不同信息的情况下。两列的宽度可以均等，也可以不等，取决于设计师对于阅读舒适度和视觉节奏的把控。

图 2-23　栏式网格示意图

图 2-24　*After Sunrise* 杂志设计

③ 多列网格。多列网格比单列网格和双列网格具有更多的灵活性，视觉形式也更丰富。

（4）模块网格。模块网格通常用于复杂信息的版面。可以将横栏和竖栏有机地结合起来，把整个结构排列成较小的空间小块。模块网格从本质上是一种拥有大量水平视觉流程的栏式网格。这些水平流线把栏分隔成行，从而形成矩阵式的隔间，即模块。

图 2–25　模块网格示意图

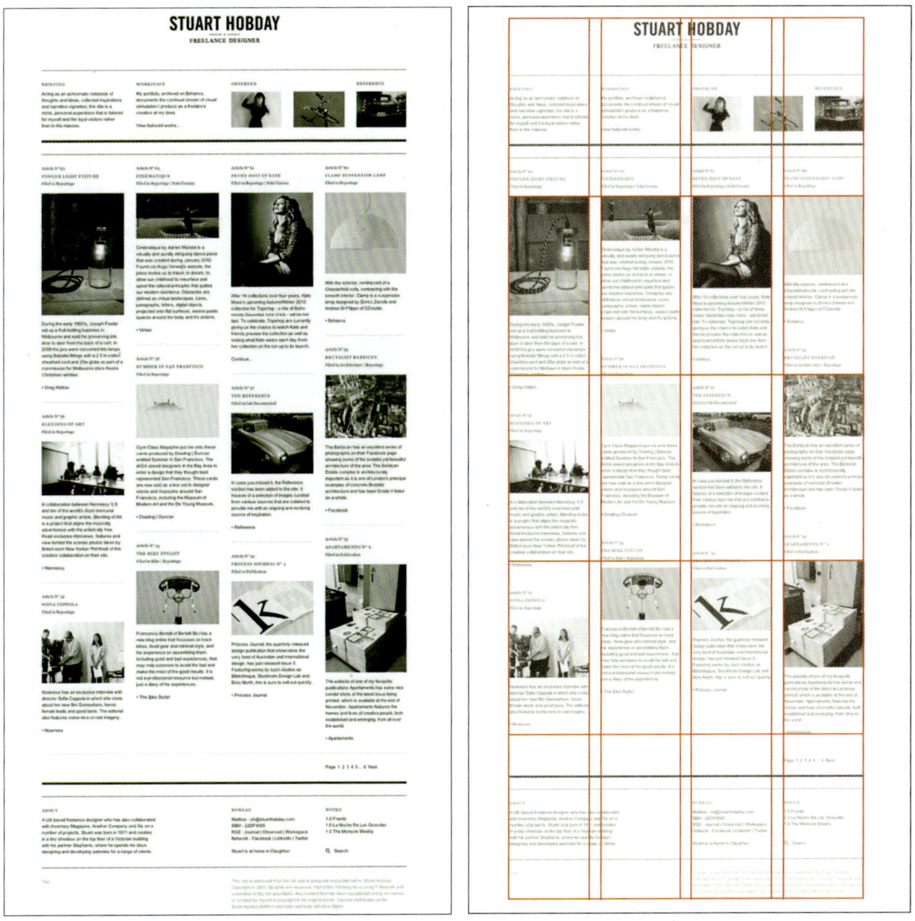

图 2–26　*Stuart Hobday* 报纸设计

这份报纸水平 4 栏和垂直 5 栏的网格，将矩形的块面感体现得淋漓尽致。阅读清晰，又不失现代感。

（5）层级网格。层级网格用来把版面分成小区，很多层级网格都由横栏构成。层级网格通常用于一些特殊情况，如视觉和信息化需求需要一个不属于任何分类的网格，它更倾向于一种直觉式的排列，这种排列不是根据有规律的比例定做的，而是根据各种元素的比例量身定做的。

图 2-28 所示，这张海报由威尔·孔兹为哥伦比亚大学规划和建筑研究生院设计。海报展示了一个历史传统中新的硕士学位课程。纵向的标题文字与纵向的图像及由图像向下延展的信息文字，使得整个版面的视觉流程非常流畅，在虚空间比较大的三个角上分别有不同大小和方向的黑色抽象几何形，与文字形成呼应。左上角黑色几何形中的线条和标题文字的行距直接形成对应关系。这张海报中，每个构成要素都带有目的性，并且和其他要素形成了导向的联系。

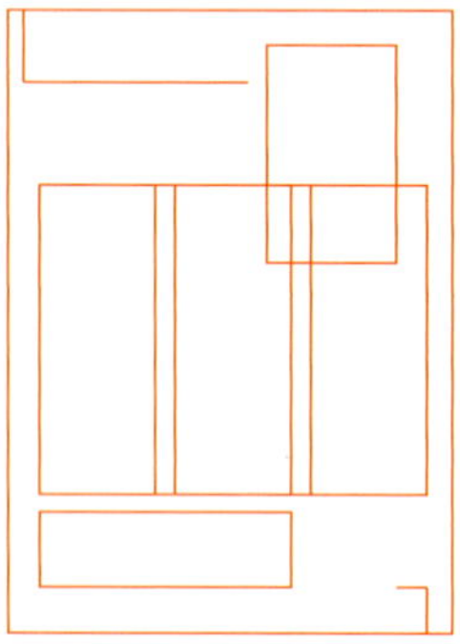

图 2-27　层级网格示意图

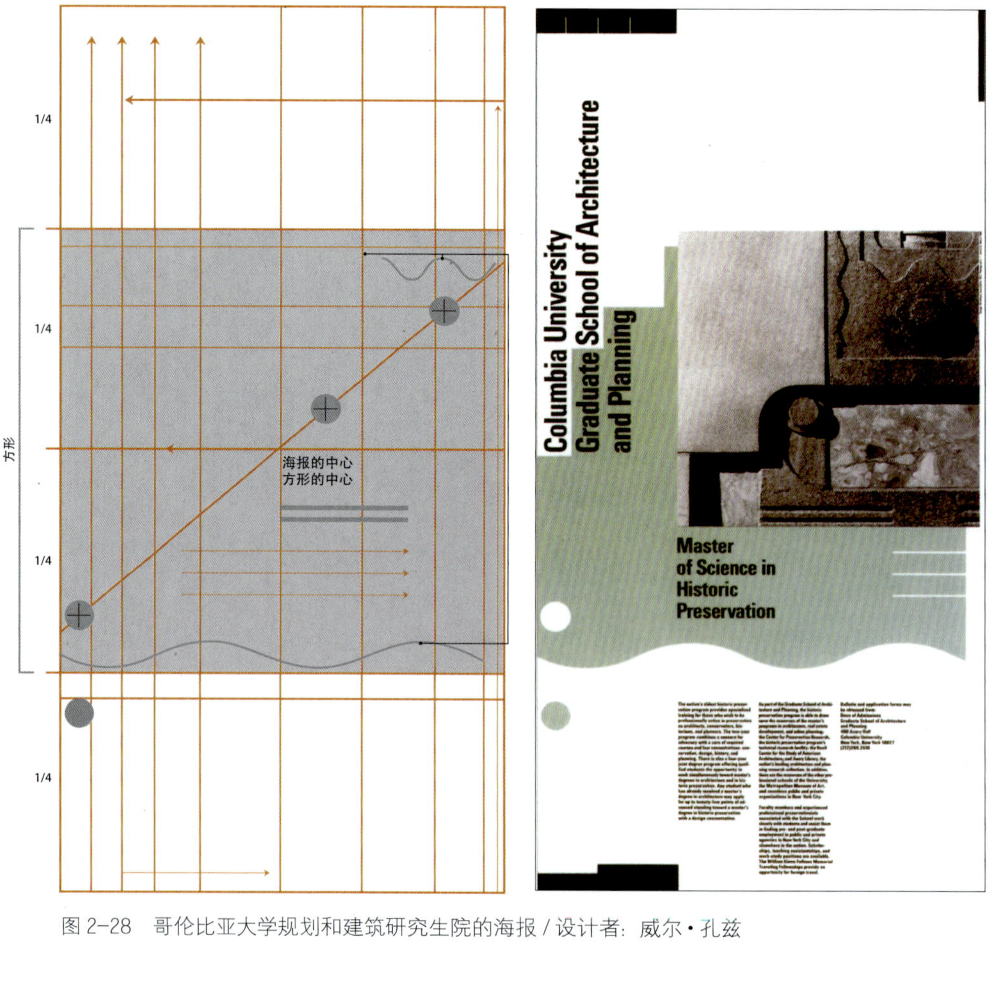

图 2-28　哥伦比亚大学规划和建筑研究生院的海报 / 设计者：威尔·孔兹

2）突破网格——解构网格

在大量使用既定模式的网格进行版式设计时，我们会发现有时候过于理性会使版面陷入过于规律甚至是呆板的局面，“解构”的目的就是改变这种理性建构的空间。

图 2-29 Sucker for Soccer 海报设计 / 设计师：佐兰·鲁西奇（Zoran Lucic）

这一系列海报将足球放到了全新的视角供人们去理解。作为一种社会性体育运动，足球应该是非常鼓舞人心的，应该得到更多人群的关注。设计师尝试着把这种体育运动结合独特的视觉语言进行设计，这是一种挑战复古美学的尝试。

图 2-30 1Point-*Universal Declaration of Human Rights*

3. 构图的节奏（AI 图解）

构图要素主要包括平面构成的三大要素——“点”“线”“面”。

1）“点”的编排构成

“点”的不同排列组合会给人带来不同的感受。它可以作为版面的主体，也可以与其他元素组合，起到点缀、平衡、填补空间、活跃画面氛围的作用。在版式设计中，不但要考虑到“点”的分布方式与数量，还要考虑“点”所处的位置，不同位置对版面的效果会产生不同的影响。灵活运用“点”的编排构成，可以使版面产生丰富多彩的效果。

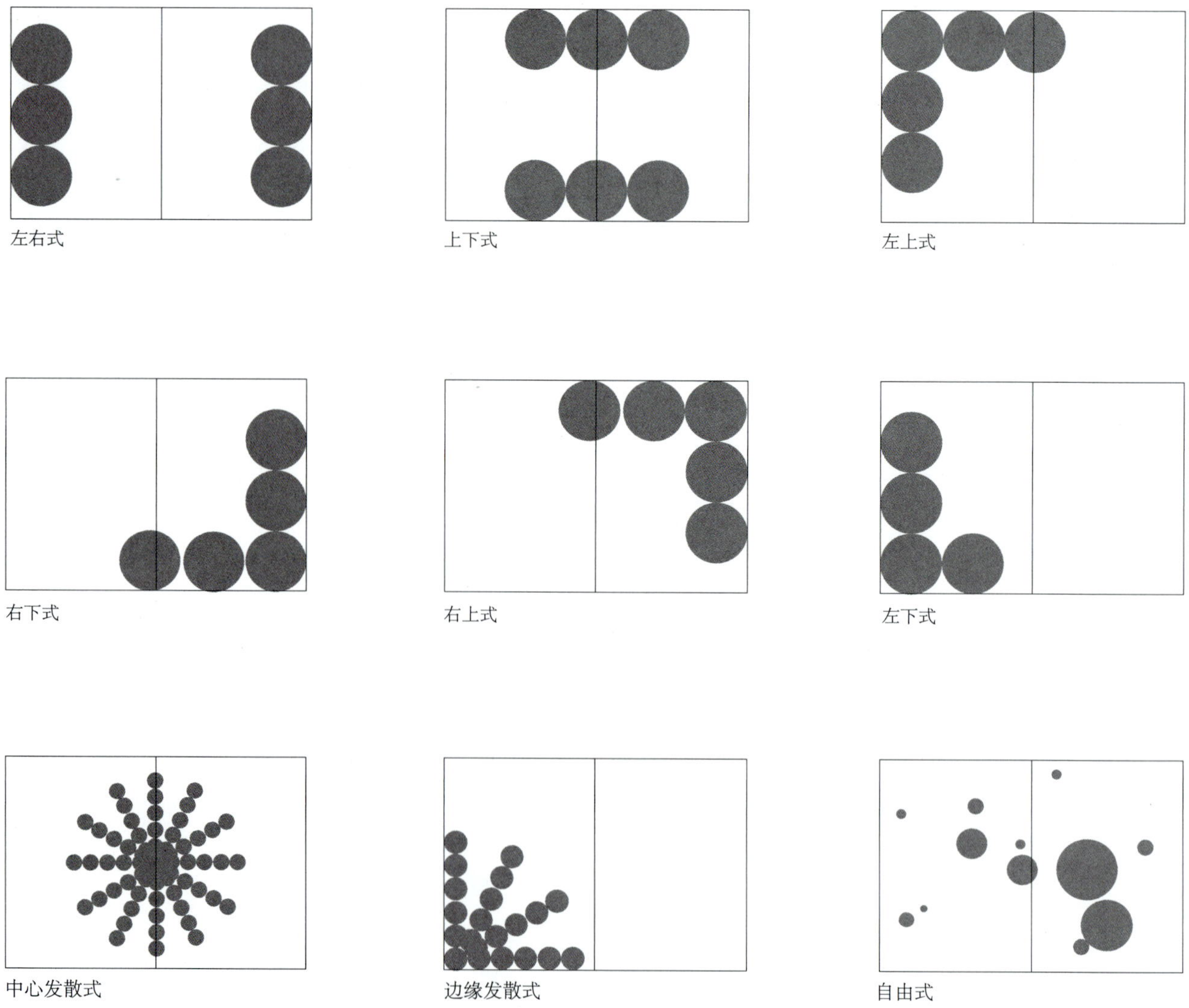

图 2-31 “点”的编排构成

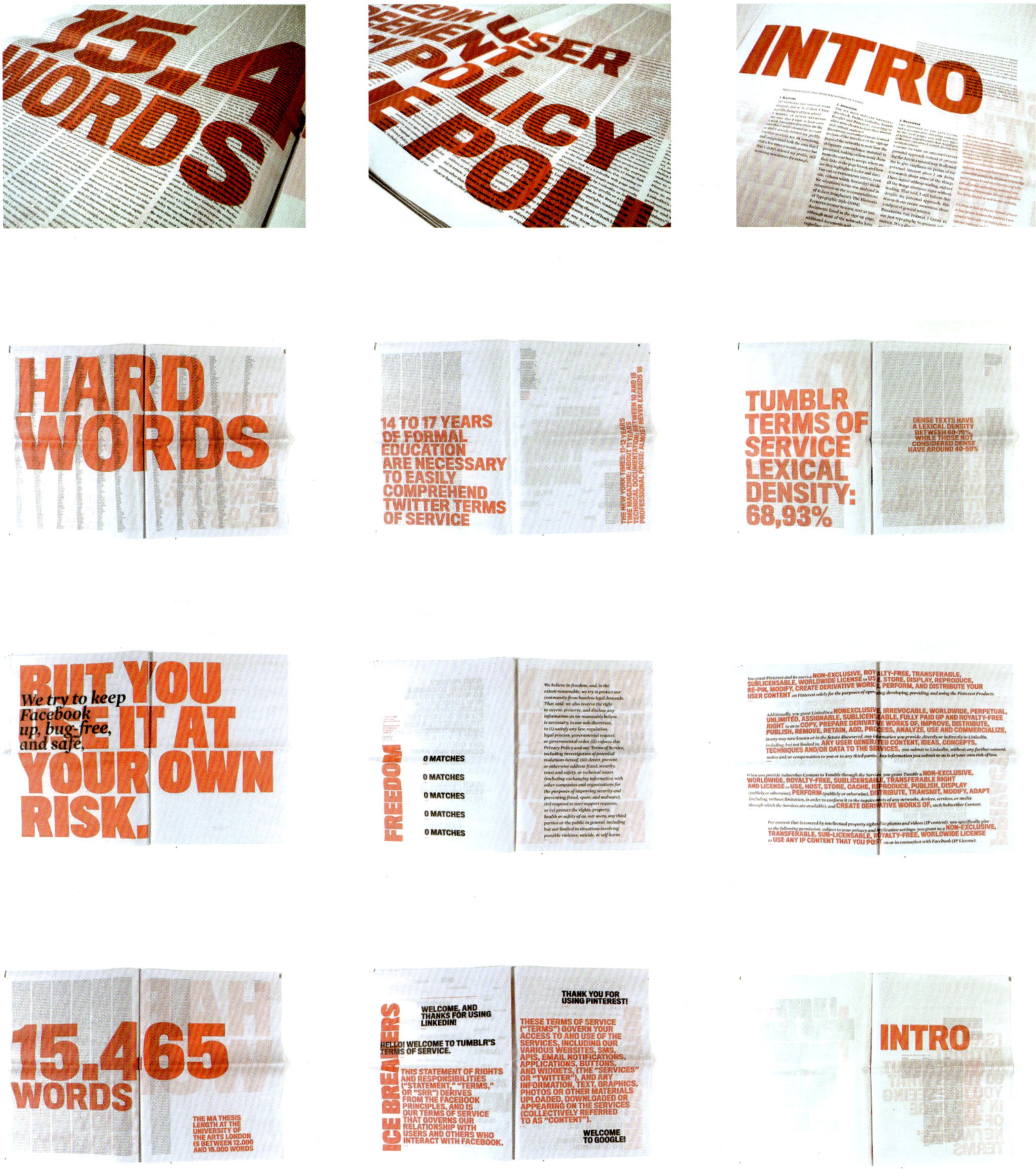

图 2-32 *I have not read and agree to the terms of use* 报纸设计

2）“线”的编排构成

“线”是“点”的运动轨迹，是“点”的发展和延伸。不同的“线”具备不同的情感象征。例如，水平的直线给人以平静而稳定的感觉，斜线具有动感和指向性，垂直线显示力量、伸展、直接，而带有张力的折线会给人一种动感、空间感和锐利感，自由曲线给人随意、自然、动感、不受约束的感觉，几何曲线给人均衡、扩展和规律的感觉；粗线显得有力量和厚重，细线显得紧致、细腻。不同方向、不同粗细、不同运动轨迹的线会呈现出不同的韵律感。线不但具有情感上的因素，还具有方向性、流动性、延续性及远近感。它所产生的空间深度和广度为版面构成带来了广阔的思维空间。

图 2-33 “线”的编排构成

图 2-34 *Perform* 杂志设计

3）“面”的编排构成

“面”是“线”重复密集移动的轨迹。“线”的分隔可以产生不同比例的空间，也可以形成不同比例关系的“面”。“面”在版面中具有平衡、丰富空间层次，烘托及深化主题的作用。在版式设计中，“面”的编排构成有很多表现形态，如几何直线型（矩形、三角形、菱形等）、几何曲线型（正圆形、椭圆形等）、自由线型（自由直线型、自由曲线型等），可以塑造多重情感，展现不同性格和内涵，给人以不同的视觉感受。

几何直线型

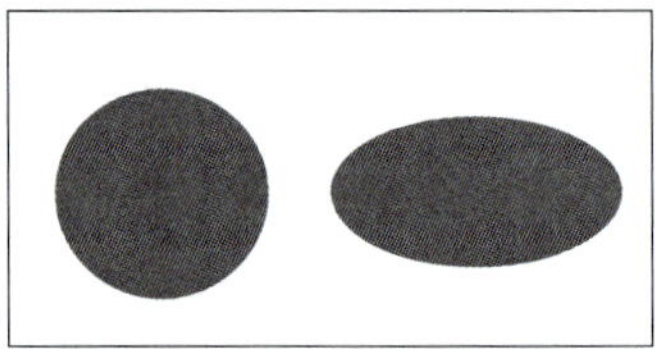

几何曲线型

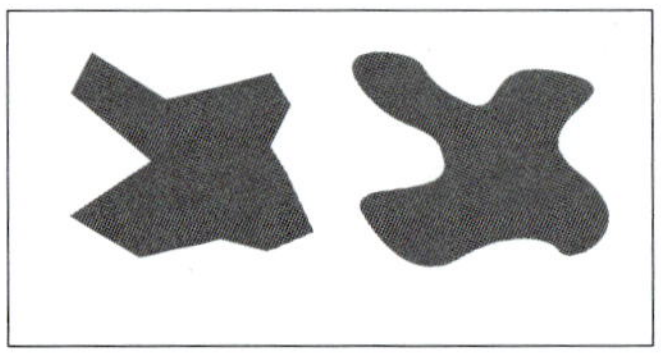

自由线型

图 2-35 “面”的编排构成

图 2-36 7th Annual AIGA Toledo/BGSUGD Portfolio Review

4）版面空间构成

（1）对称。版面中的主要元素以轴线为中心，上下或左右对称编排，即对称。这样的空间构成方式会给人一种平衡、稳定、统一的感受。

（2）黄金分割。黄金分割源于古希腊建筑，黄金分割比例为 1∶1.618，将这个比例关系运用于版面中，容易获得视觉美感。

（3）对比与平衡。对文字、图像、色彩等元素进行动静、大小等对比方式的编排，达到视觉平衡，给人一种稳定而又强烈、有别于对称的视觉效果。

（4）集中与发散。利用版面四边和中心的结构，呈现多样的视觉效果，打破平衡与拘束，呈现自由多变的效果。

5）构图样式

（1）垂直构图。垂直构图能够加强版面的感染力，展现一种秩序中的变化。

（2）平衡构图。平衡构图适用于表现平静、安定、稳重的主题。

（3）倾斜构图。倾斜构图呈现一种强烈的动态感受。

（4）曲线构图。曲线构图表现出较强的趣味性和动感。

（5）三角形构图。三角形构图体现三角形的稳定感。

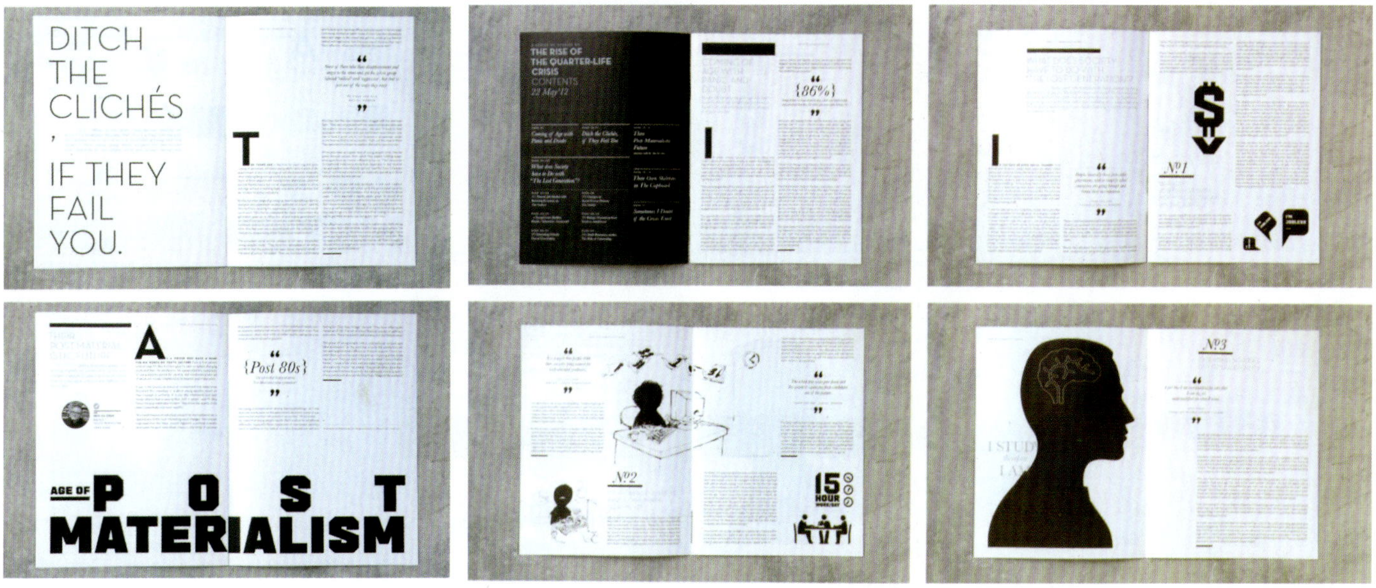

图 2-37 *Stuck HK*/ 设计公司：JKwan 设计公司

这本杂志主要介绍青年危机之类的社会现象。此设计重点在于方便读者随时阅读，故设计中，引号、注脚等细节在版式中有所强调，便于快速检索。

四、训练程序

理解课题

通过调研，深刻理解设计主题之本是信息传达，研读信息文字，以便对所要设计的信息有全方位的了解。设计师首先应该是一位认真的读者，这样才能了解所要设计的对象，并对其做出合理的设计构想。

资料整合/信息梳理

首先是资料采集，即对文字信息和图像信息的收集和整理。其中，图像信息如果没有现成的资料，需要通过手绘、摄影或计算机合成等方式进行设计。

其次是信息整合，即对文字信息的逻辑分类，对图像质量的检查和处理。同时，需要对信息赋予文化意义上的理解和在知性基础上展开艺术创作，使主题内容条理化、逻辑化，寻找相互内在的关系，从归纳中梳理每个环节的线索，以便组织逻辑思维和戏剧化的分镜头视觉思考，由信息元素变为内心的传达。

设计定位/风格确立

创意草图/网格体系

设计草图时，可以从网格体系入手，像下棋一样首先布局版面中的诸多要素，让版面中的要素有秩序地排列，并在网格体系中去寻求情感的诉求。

《参考消息》由新华通讯社主办、参考消息报社编辑出版，于 1931 年 11 月 7 日在江西瑞金创刊，是发行量国内排名第一、世界排名第五的报纸，拥有日均 340 万份的发行量。但是其版式设计过于陈旧，该报纸尝试了多种网格形式，在秉承该报纸的历史传统风格之外，赋予它更现代的时尚简约风格。

图 2-38 《参考消息》

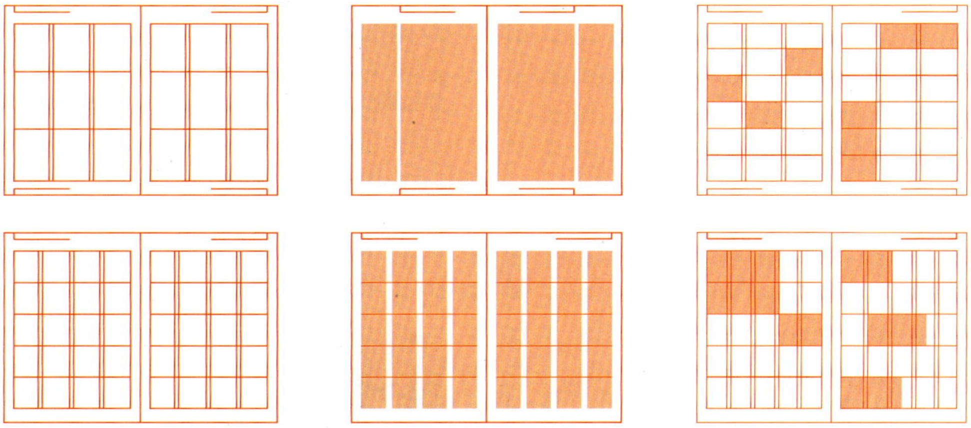

图 2-39 网格草图

要素整合/设计深化

对报纸涉及的文字、图形、色彩等要素进行有效的调整。

“参考消息”四个字做了细微的调整，报头的版式进行了新的调整，更简约、清晰。整体色调采用了红色调，打破原本黑色的沉闷，图片也加入了红色调，呼应了整体的色调。

图 2-40 《参考消息》报头版式设计

精细排版/修饰调整

将修整完的版面元素编排到精心设计过的网格体系中，进行精细的排版，仔细地推敲文字与文字、文字与图像、图像与图像、虚空间与实空间之间的关系，妥善放置好小到标点符号甚至是一个空格，否则都会影响到版面的视觉效果。

图 2-41 《参考消息》版式设计 / 设计者：龙铃玉 / 指导老师：姜靓

- 物化介质
- 方案评估
- 印前审核
- 物化实现
- 销售流通

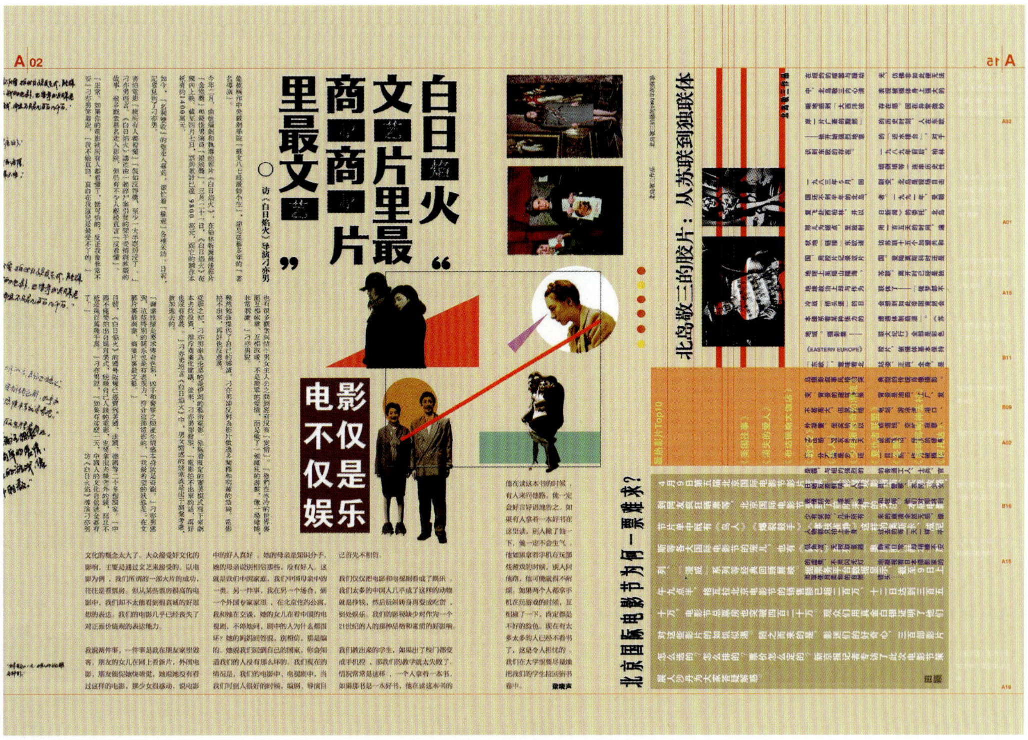

图 2-42 《中国电影报》版式设计 / 设计者：王倩茹 / 指导老师：姜靓

五、国外优秀报纸版式设计赏析

图 2-43 *Permanent Daylight*/设计公司：Re-public 工作室/设计师：罗密欧·维德纳(Romeo Vidner)

这份报纸是由瑞典艺术家乔纳斯·利韦罗德创办的。Re-public 工作室将其设计成宽幅的形式，版式介于书籍、报纸和杂志之间。内容是艺术家利韦罗德的艺术作品选集、励志的素材、参考资料、笔记、轶事、访谈等。该报纸已经荣获多个国际设计奖项。

图 2-44 *Ueberzeitun-Eine Liebeserklaerung*/ 设计师：沃尔夫冈·兰道尔（Wolfgang Landauer）/ 尺寸：650 mm×1 100 mm

这份报纸采用了超大报纸的形式，体现看似不起眼的日常生活对历史和文化的影响。设计师大胆地利用漂亮的大字贯穿于整张报纸的版面，打破传统报纸固定的范式，整体风格简洁却不失大气。

图 2–45 *Nya Upplagan*/ 设计师：马库斯・加德（Marcus Gaerde）、佩妮拉・福斯贝格（Pernilla Forsberg）

这是传播自由文化的 *Nya Upplagan* 报开发的全新版面。改版的重点是强调报纸文章背后的思想，为言论自由发出真实而有力的声音。

图 2-46 *Volltext-Zeitung fuer Literatur*/
设计师：斯特凡·齐默尔曼（Stefan Zimmermann）、詹恩·德·弗里斯（Jann de Vries）

该报纸是一份来自德国的文学报纸。它主要专注于当代文学领域，内容涵盖了所有文学体裁，重点介绍原创文章和新书的预印本，以及采访、作者介绍、特点介绍和评论等内容。

第二节　训练二　单页广告的版式设计

一、课程要求

1. 讲授目的

版式设计中的三大要素为文字、图像、色彩。通过训练了解文字的字形、字体，熟练处理图像及灵活运用色彩进行视觉渲染，合理整合三大要素之间的关系，充分体现版式设计的“性格”与“情感”。在计算机技术占据主导地位的今天，要在运用计算机技术的同时，充分结合摄影、手绘等其他技术，使版式设计更生动、更有生命力。

2. 作业及要求

运用摄影、手绘、计算机合成技术等方式采集图像，进行单页广告的版式设计。

作业呈现方式：设计打印实物及电子文档。

电子文档要求：600 mm×900 mm；数量：1 张；格式：PDF（位图文件 300 dpi 精度）。

3. 时间要求

建议课时：16 课时。

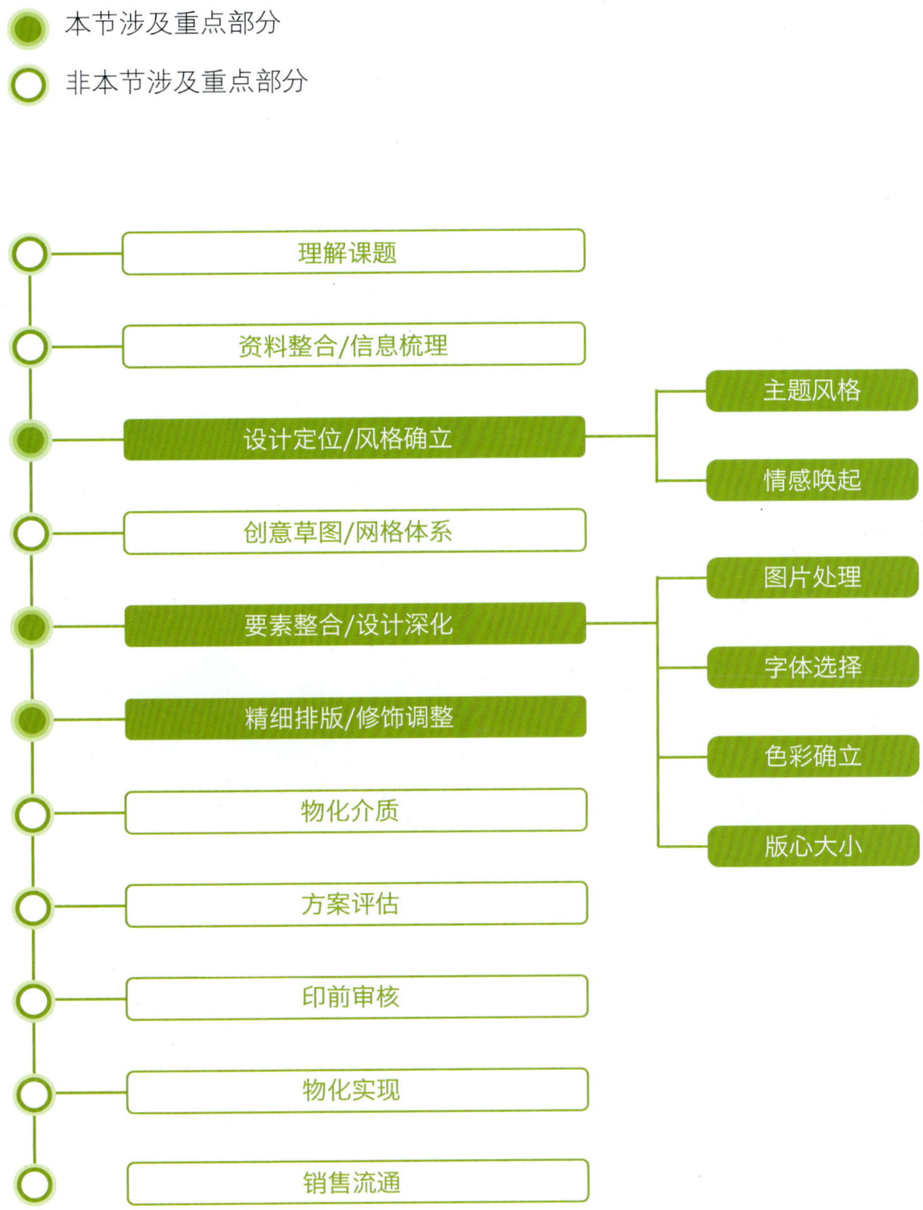
本节涉及重点部分
非本节涉及重点部分
理解课题
资料整合/信息梳理
设计定位/风格确立
主题风格
情感唤起
创意草图/网格体系
要素整合/设计深化
图片处理
字体选择
色彩确立
版心大小
精细排版/修饰调整
物化介质
方案评估
印前审核
物化实现
销售流通

二、案例分析

本案例涉及作品均为学生优秀作品，如主题性的海报、单页广告设计等。在网格设计的基础上，训练学生对文字、图形、色彩的把控能力。

图 2-47 是为苏州博物馆设计的文化宣传海报，所选取的标志性元素——著名的假山、中式窗格和苏州博物馆的白墙灰瓦，均是构筑苏州博物馆的DNA。版式设计简约而不简陋，大面积留白的版面形式为海报的主题渲染了恰到好处的气氛。

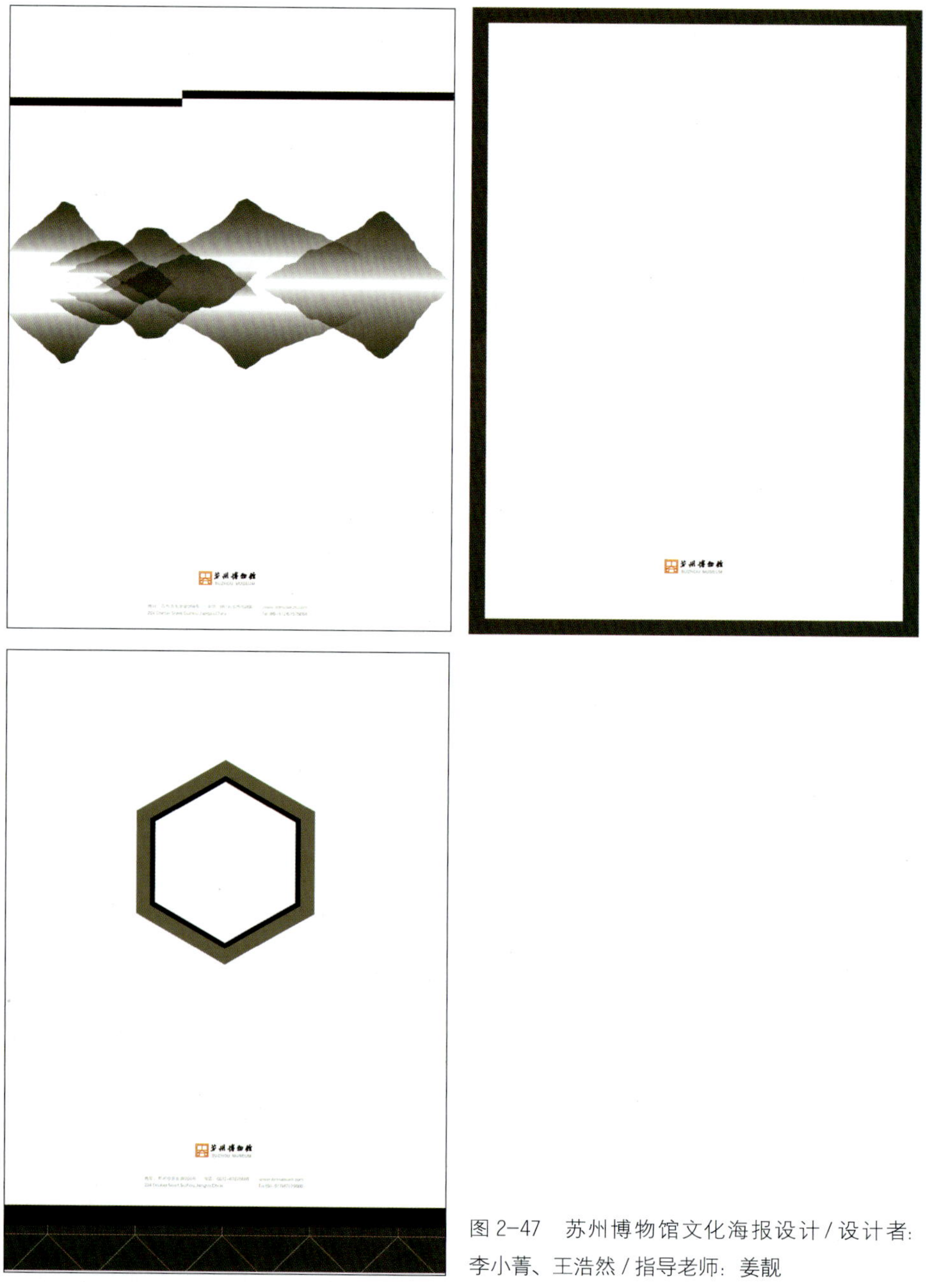

图 2-47　苏州博物馆文化海报设计 / 设计者：李小菁、王浩然 / 指导老师：姜靓

图 2–48 “中国泥人博物馆”海报设计 / 设计者：陈晓梦 / 指导老师：姜靓

左图图像信息为带有文字的纸条缠绕包裹着泥人，象征着传统民间工艺正在被现代社会文化所束缚、制约直至消逝。

上图运用传统泥人的高纯度色彩与现代图形的手法表现无锡泥人的代表作品——阿福、阿喜，形象生动可爱。

图 2–49 “中国泥人博物馆”海报设计 / 设计者：陈是 / 指导老师：姜靓

图 2-50 “中国泥人博物馆”海报设计 / 设计者：黄丽云 / 指导老师：姜靓

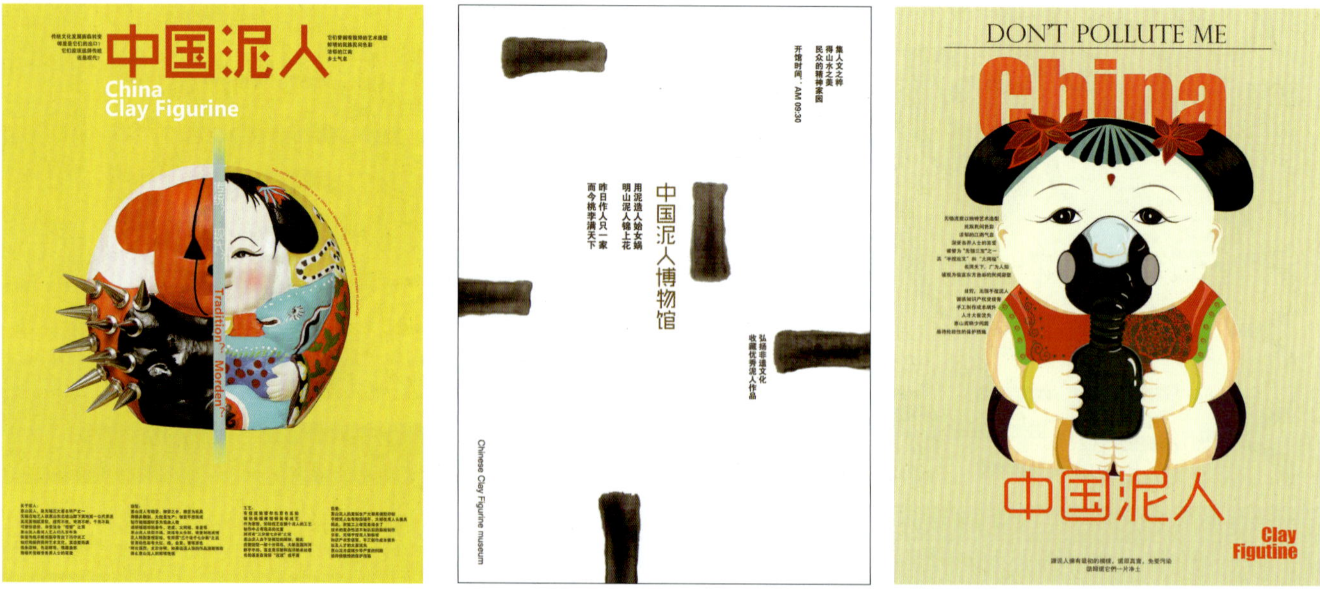

图 2-51 “中国泥人博物馆”海报设计 / 设计者：吴海晴 / 指导老师：姜靓

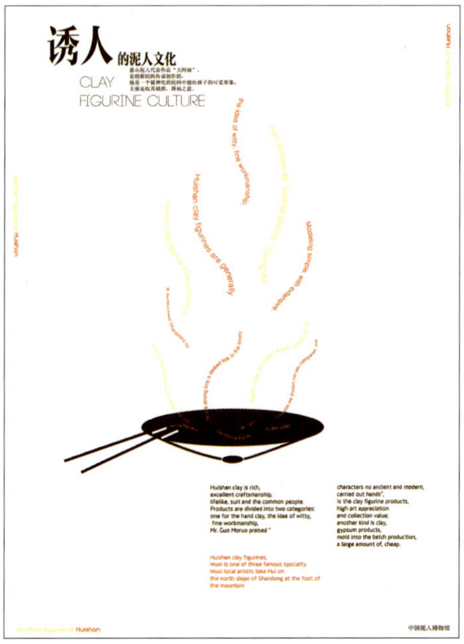

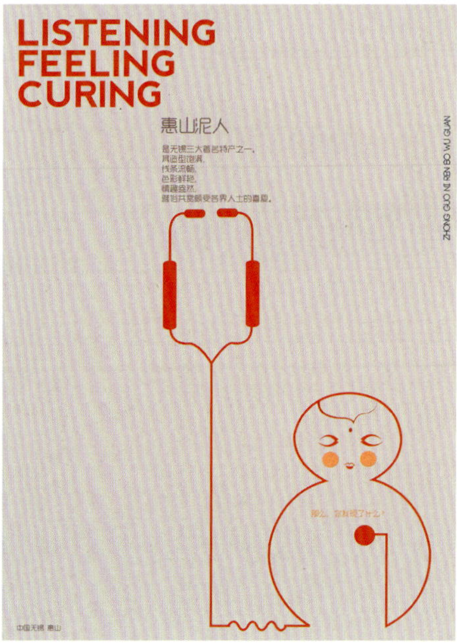

图 2–52 “保护泥人”海报设计 / 设计者：刘盼盼 / 指导老师：姜靓

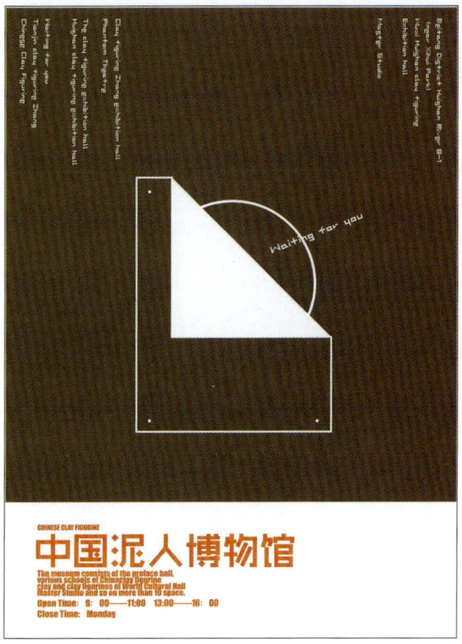

图 2–53 “中国泥人博物馆”海报设计 / 设计者：田娅 / 指导老师：姜靓

图 2-54 “江南大学设计学院”海报设计 / 设计者：滕宏禹 / 指导老师：姜靓

图 2-55 “江南大学设计学院”海报设计 / 设计者：蔡文娟 / 指导老师：姜靓

图 2-56 “江南大学设计学院”海报设计 / 设计者：李晓敏 / 指导老师：姜靓

图 2-57 “江南大学设计学院”海报设计 / 设计者：陈倩 / 指导老师：姜靓

图 2–58 “我在”海报设计 / 设计者：徐向奕 / 指导老师：姜靓

三、知识点

1. 版面设计基础

1）信息的整理

版式设计不是为了个人的兴趣或设计师的自我表现，通常是为了鲜明地表现出设计所产生的效果，在进行版式设计之前，首先应当正确地理解设计的目的，然后整理需要设计的信息，再通过设计的诸多方法将信息整合并用视觉的效果呈现出来。

整个过程就是从“理解”到“整理”再到“提取”，最后进行“布置”。因此需要将设计的信息内容进行层级的分类，分清哪些是作品内容中最重要的，哪些是次重要的，从而进行“整理”和“提取”，并弄清哪些是需要通过面积的大小、颜色的凸显，或者与图像的关系等手段进行“布置”的。

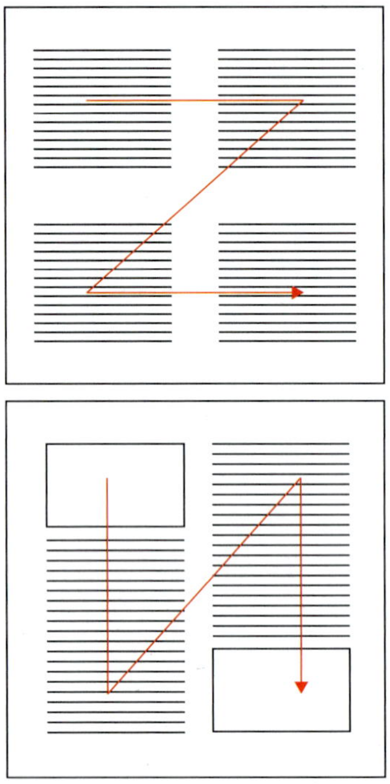

图 2-59　横排段落文字的视线移动

2）排列与对齐

“对齐”二字对于版式设计师来说是至关重要的。专业版式设计师在进行版式设计的时候会连 1 cm 以内的细节都深思熟虑，运用排列与对齐的方式使设计恰到好处，合理地处理文字、图像之间的关系，以及诸多元素在版心里的距离。

3）视线的移动

读者的阅读直接影响了版面的形式、文字、图像等元素。经过设计的版式引导读者的视线按照顺序自然地移动，更好地传递作品的内容。相反，如果视线发生停滞、茫然的情况，那么会给读者带去阅读的疲劳甚至是障碍，很难将作品的目的很好地诠释。

4）构成的形式

按照一定规则编排构成要素，能使种类繁多的要素显得整齐而有序。当版面中的各级元素比较丰富的时候，容易造成杂乱无章的情况，如果不进行秩序的排版，会让阅读变得很费劲。设计师就需要将复杂的要素设计得简洁而有条理。

人的肉眼不能同时处理庞大的信息，但只要将信息进行甄选、精简，问题就能迎刃而解。所以需将重要的信息挑选出来，做凸显强调处理，这样才方便读者寻找需要的信息，也易于读者把握整体的设计意图。

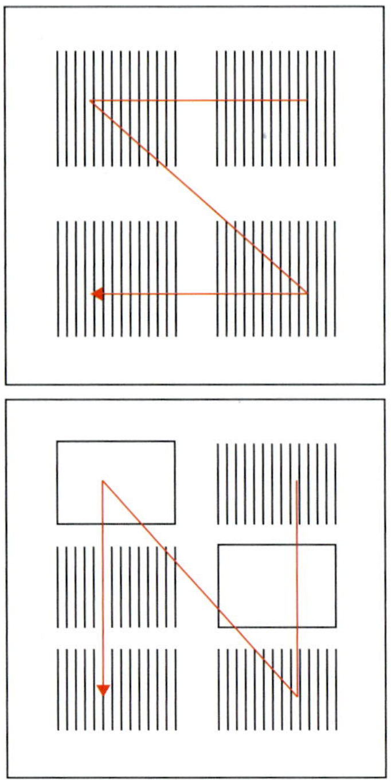

图 2-60　竖排段落文字的视线移动

5）字形与字体

人的阅读距离正常为 30~35 cm，普通开本的小型印刷品，正文所用字符的规格应该限制在一定范围内，过小或过大都不便于阅读。通常 9~12 磅字适合用于书籍的正文，不足 6 磅的字一般难以阅读，老人与小孩很难看清小于 10 磅的字。计算机显示器显示的页面很难和印刷出来的页面一样大，字体的大小很难在显示器上进行精确的判断，因此设计师应该配备一张字体字符的样张，以便参考字符的实际大小。同时也要注意，纸媒与多媒体由于显示载体不同，字符的大小情况也不太一样。

目前的字体大小标准有号数制、点数（磅值）制、级数制，其规格以正方形的汉字为准。号数制采用不成倍数的几种活字为标准，字号的标数越小，字数越大。使用时不需要考虑字体的实际尺寸，只要指定字号即可。但是因为字号与字号之间没有统一的倍数关系，所以折算起来不够方便。点数从英文“point”翻译而来，也称为磅值，通过计算字体外形的点值来确定衡量的标准，这是版式设计软件里经常用到的方式。

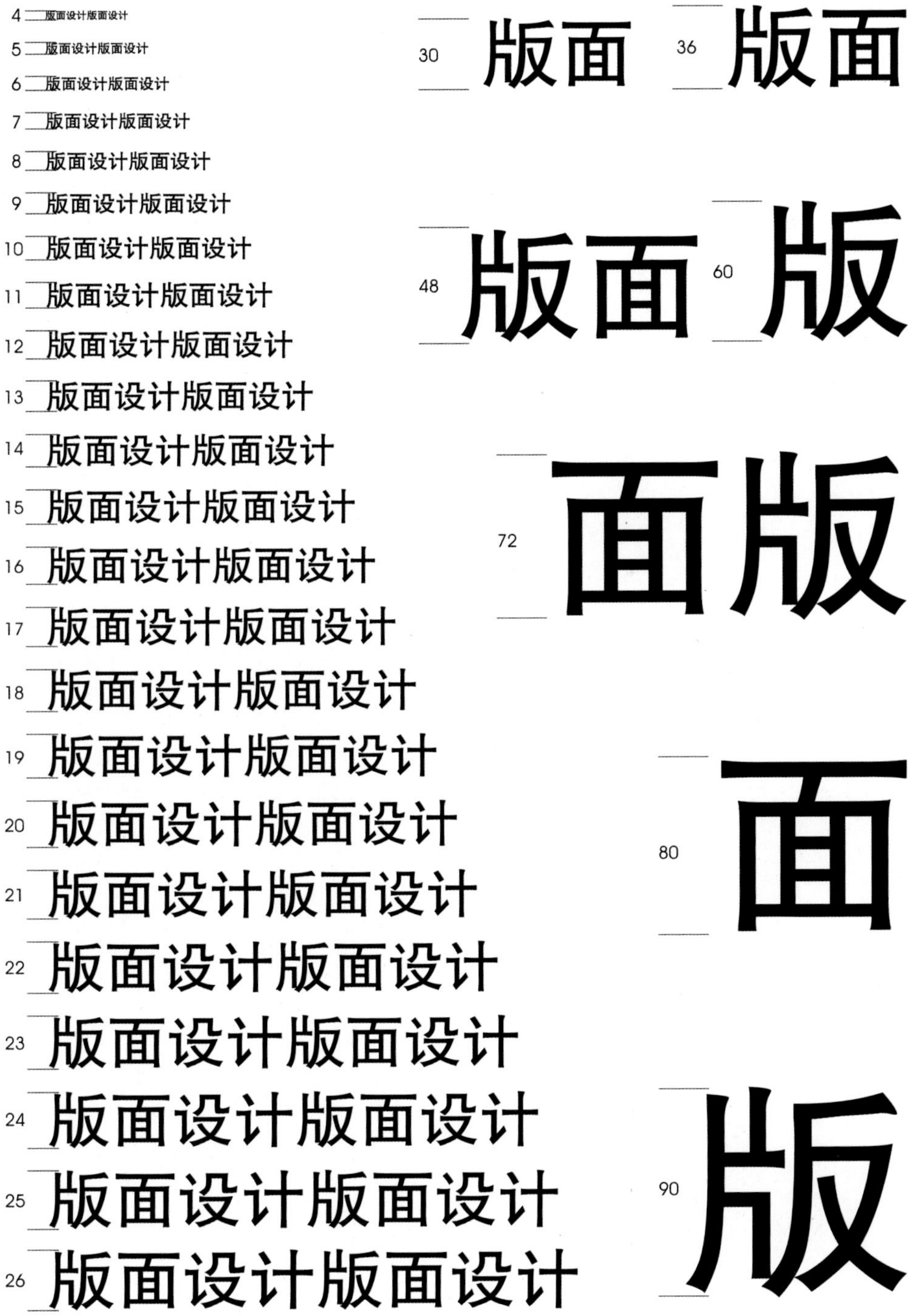

图 2-61　不同磅值字体示例

6）版心与栏宽

通常在建立书籍设计文档的时候，第一步就需要设置版心的大小、分栏的数量，以及栏的宽度。

（1）版心。在我国，民国以前的图书排版、装订方式与现代有很大不同。古籍里版心也称“页心”，或简称“心”，指古籍书页两半页之间没有正文的一行。为折装整齐，版心多刻有鱼尾、口线等，为便于检索，也常记有书名、卷数、页码、每卷小题、刻工姓名等文字。因为这一行居于两版的中心，故称版心。在不同的时代，由于图书装订方式不同，版心朝向也有所不同，比如，蝴蝶装的版心朝内，包背装的版心则朝外。

民国以后的图书就是我们现代意义上的图书，其版心是指排文字和图表的位置，一般在一个页面的正中心。

版心是图书版面上承载图书内容的部分，是版面构成要素之一，是版面内容的主体。版心是整个版面中的有效区域，去除周围的页边距，剩下的以文字和图像为重要组成的部分即为版心。

理论书籍的白边可留大一些，便于读者在空白处书写和批注。科学技术书籍出版量小，读者少，成本高，白边就应留得小一些。袖珍本、字典、资料性的小册子及廉价书也要尽量利用纸张，白边也应留得小一些，但至少应有 10 mm 的宽度。精装本和纪念性文集用较宽的白边，这样能增强书籍的贵

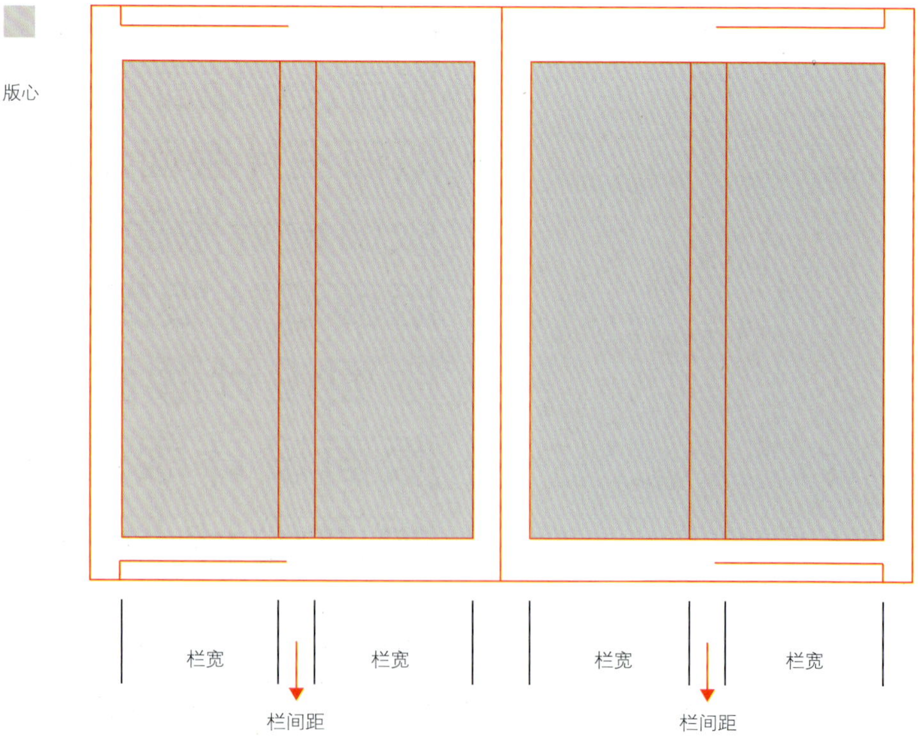

图 2-62　版心和栏宽

重感和气派。从版面的和谐看，行距宽的即疏排的版心，其白边要相应地宽一些。反之，密排的要窄一些。另外，厚本书籍要注意内白边因弧形造成的减弱作用，要相应地加宽，注意不要使版心缩进订口的隆起处，至少不必用手去揿捺就能看到最内侧的文字。

版心是使整本书的版面有条理的重点。版心的面积占整个版面的比例称为版面率。版面率越高，能够配置在版面中的信息就越多。因此，在处理专业资讯类杂志等要素繁多的作品时需要版面率高的版式设计。相反，版面率低的版面，承载的信息量相对降低，产生很多留白，会给人高雅、平静的感觉，多用于文化类书籍。

除去范式的版心大小以外，现代设计师也很注重对版心的设计，特殊版心的大小设计能够给读者带来不一样的阅读体验。

（2）栏宽。由于人的阅读有一定的范围，因而在文字信息比较多的情况下，通常建议分栏，以便读者能够轻松地阅读内容。栏宽的大小、栏与栏之间的距离都会影响到版面的形式以及阅读的舒适性。

图 2-63 优秀杂志内页版式设计

从这些版式设计中可以看到，版心与栏宽、栏间距的设定对于连续性页面的印刷物非常重要，可以保持整本印刷物的视觉连续性。

2. 文字的情感

1）字体字形的情感特征

（1）汉字。汉字字形繁多，体式不同，笔画数差异大，但是汉字的基本笔画是一样的，成套字体的部首也是基本相同的。常用字体主要有宋体、黑体、楷体。在宋体、黑体的基础上变化产生了多种印刷字体，如圆体、姚体、倩体等，字形结构趋向几何化，并且有鲜明的风格特征。除此之外，还有源于传统书法和印文的字体，如隶书、魏碑、行楷、行书、瘦金体等，形体丰富多彩。设计者要在编排的时候灵活地选择合适的字体，以便更好地传达信息，表现主题。

① 宋体。宋体字发源于宋代，宋代是雕版印刷的黄金时代，宋体字是为适应印刷术而出现的一种汉字字体。宋体字定型于明代，日本人称其为“明朝体”。宋体的基本笔画源自于“永字八法”，其中包括有点、横、竖、撇、捺、钩、挑、折等笔画。其字体特点为：横平竖直、横细竖粗、撇如尖刀、点如瓜子、捺如扫帚，结构饱满，笔画的起笔与收笔、转折处都有装饰角。根据笔画比例、字形比例，宋体可分为大标宋、小标宋、书宋、报宋等。在宋体字的基础上衍生出仿宋、长宋、宋黑等多种变体。通常情况下，标宋用于标题，书宋、报宋适合正文。

宋体字一笔一画里的起锋与收顿，其收敛挺拔的修身美学、周正的重心、收尾处分明的骨骼，蕴含了无穷的汉字图形的魅力，又极具可读性。

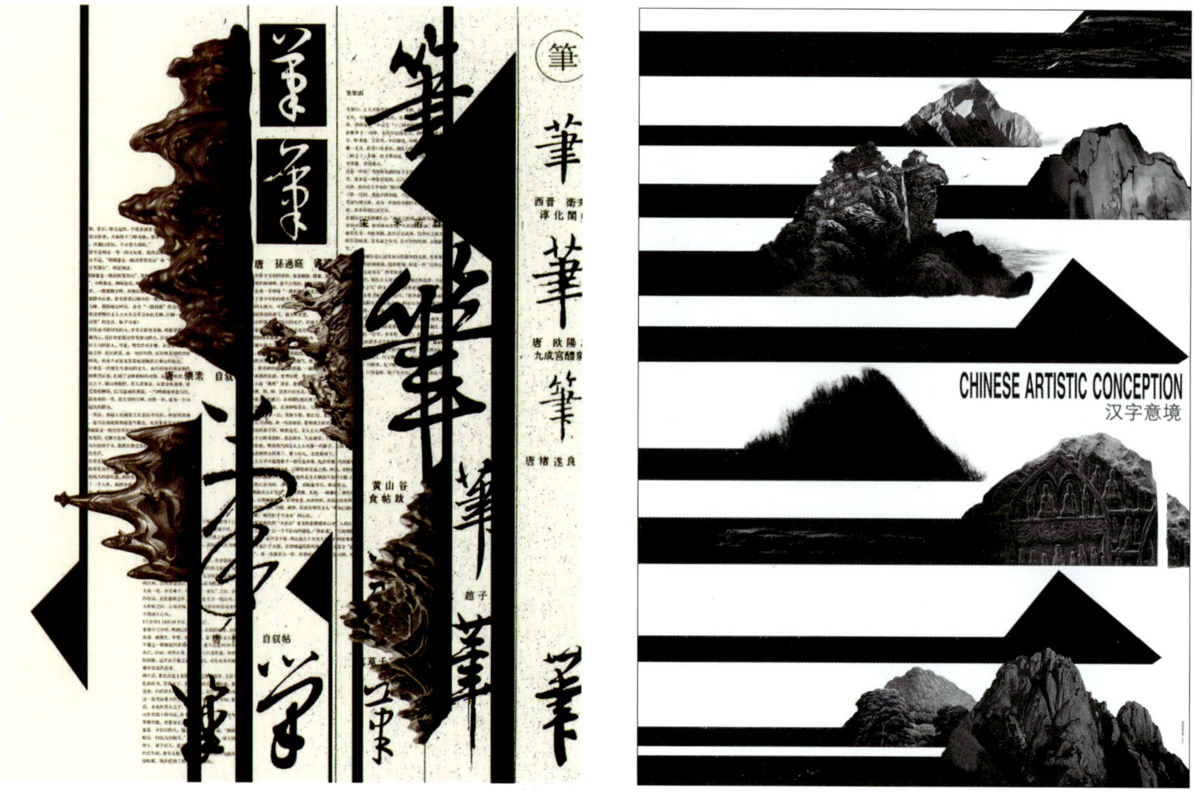

图 2-64　汉字海报 / 设计者：陈原川

图 2-65　2011 年度“两岸汉字艺术节”海报设计

方正小标宋简体

十年生死两茫茫。不思量，自难忘。千里孤坟，无处话凄凉。纵使相逢应不识，尘满面，鬓如霜。夜来幽梦忽还乡。小轩窗，正梳妆。相顾无言，惟有泪千行。料得年年断肠处，明月夜，短松冈。

方正书宋简体

十年生死两茫茫。不思量，自难忘。千里孤坟，无处话凄凉。纵使相逢应不识，尘满面，鬓如霜。夜来幽梦忽还乡。小轩窗，正梳妆。相顾无言，惟有泪千行。料得年年断肠处，明月夜，短松冈。

方正报宋简体

十年生死两茫茫。不思量，自难忘。千里孤坟，无处话凄凉。纵使相逢应不识，尘满面，鬓如霜。夜来幽梦忽还乡。小轩窗，正梳妆。相顾无言，惟有泪千行。料得年年断肠处，明月夜，短松冈。

方正小標宋繁體

十年生死兩茫茫。不思量，自難忘。千裏孤墳，無處話凄涼。縱使相逢應不識，塵滿面，鬢如霜。夜來幽夢忽還鄉。小軒窗，正梳妝。相顧無言，惟有泪千行。料得年年斷腸處，明月夜，短鬆岡。

方正書宋繁體

十年生死兩茫茫。不思量，自難忘。千裏孤墳，無處話凄涼。縱使相逢應不識，塵滿面，鬢如霜。夜來幽夢忽還鄉。小軒窗，正梳妝。相顧無言，惟有泪千行。料得年年斷腸處，明月夜，短鬆岡。

方正報宋繁體

十年生死兩茫茫。不思量，自難忘。千裏孤墳，無處話凄涼。縱使相逢應不識，塵滿面，鬢如霜。夜來幽夢忽還鄉。小軒窗，正梳妝。相顧無言，惟有泪千行。料得年年斷腸處，明月夜，短鬆岡。

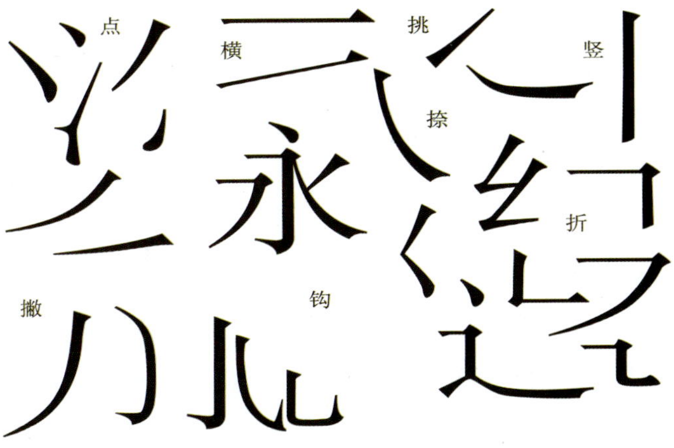

图 2-66　宋体字笔画

② 黑体。黑体字是现代印刷术传入东方后，受西方无衬线字体的影响，于 20 世纪初在日本诞生的印刷字体。其字形略同于宋体，但笔画粗细均匀，并且没有宋体的装饰性笔型，显得庄重醒目并富有现代感。略偏中性色彩的黑体有着很强的适用范围。

黑体字一般有特粗黑、大黑、中黑、中等线、细等线等，在其基础上衍生出美黑、宋黑等。特粗黑、大黑、中黑适用于标题、导语及多种展示目的，中等线、细等线常用于正文。

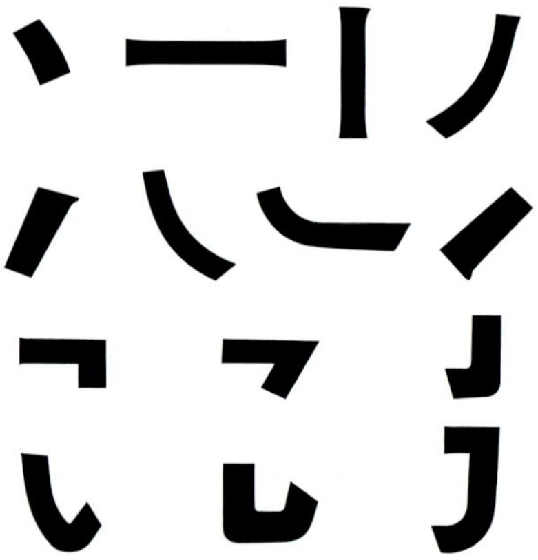

图 2-67　黑体字笔画

方正中等线简体

十年生死两茫茫。不思量，自难忘。千里孤坟，无处话凄凉。纵使相逢应不识，尘满面，鬓如霜。夜来幽梦忽还乡。小轩窗，正梳妆。相顾无言，惟有泪千行。料得年年断肠处，明月夜，短松冈。

方正大黑简体

十年生死两茫茫。不思量，自难忘。千里孤坟，无处话凄凉。纵使相逢应不识，尘满面，鬓如霜。夜来幽梦忽还乡。小轩窗，正梳妆。相顾无言，惟有泪千行。料得年年断肠处，明月夜，短松冈。

图 2-68　黑体字国外优秀海报设计

方正中等綫繁體

十年生死兩茫茫。不思量，自難忘。千裏孤墳，無處話淒涼。縱使相逢應不識，塵滿面，鬢如霜。夜來幽夢忽還鄉。小軒窗，正梳妝。相顧無言，惟有泪千行。料得年年斷腸處，明月夜，短鬆岡。

方正大黑繁體

十年生死兩茫茫。不思量，自難忘。千裏孤墳，無處話淒涼。縱使相逢應不識，塵滿面，鬢如霜。夜來幽夢忽還鄉。小軒窗，正梳妝。相顧無言，惟有泪千行。料得年年斷腸處，明月夜，短鬆岡。

图 2-69　优秀海报设计

③ 楷体。楷体，也称正楷、真书、正书，由隶书逐渐演变而来。印刷术发明初期，雕刻书版大多模仿楷书名家的字迹，并没有印刷体和手写体的分别，明代中叶宋体被普遍使用后，刻书仍然兼用楷体。其秀美的外形，给人一种清秀、典雅的感受，多用于文化类书籍。

方正楷体简体

十年生死两茫茫。不思量，自难忘。千里孤坟，无处话凄凉。纵使相逢应不识，尘满面，鬓如霜。夜来幽梦忽还乡。小轩窗，正梳妆。相顾无言，惟有泪千行。料得年年断肠处，明月夜，短松冈。

方正楷體繁體

十年生死兩茫茫。不思量，自難忘。千裏孤墳，無處話凄凉。縱使相逢應不識，塵滿面，鬢如霜。夜來幽夢忽還鄉。小軒窗，正梳妝。相顧無言，惟有泪千行。料得年年腸斷處，明月夜，短鬆岡。

图 2-70　书法椅子海报设计 / 设计者：刘小康

（2）拉丁字母。拉丁字母是目前世界上流传最广的字母体系，源自希腊字母。欧洲大部分地区和南北美洲、大洋洲，以及非洲、亚洲的部分地区，总共有 60 多个国家和地区以拉丁字母作为记录其语言的符号。

与汉字不同，拉丁字母包含矩形、圆形、三角形三种基本形及其组合变化，因此不能被纳入同样大小的方格之中。拉丁字母自古以横排排列，故字高相对统一，而字母的宽度因字而异。

图 2-71　拉丁字母书写规则

图 2-72　Anatomy 字母字体设计 / 设计者：Ella Mobbs（澳大利亚布里斯班）

拉丁字母经过漫长的历史演变，形成了多种字体，不同的字体体系，字形结构的比例也有很大的差异。拉丁字母主要有罗马体体系、哥特体体系、埃及体体系、无衬线体体系、手写体体系、衬线体体系、图形体体系，每种体系里各自又有不同的字体。

图 2–73　国外插画字母字体设计

ABCDEFGHIJKLMN
abcdefghijklmnopqrs

现代罗马体（Times New Roman）

ABCDEFGHIJKLMN
abcdefghijklmnopqrs

无衬线体（Helvetica）

ABCDEFGHIJKLMN
abcdefghijklmnopqrs

哥特体（GothicE）

图 2–74　Sweet Letters 字母字体设计

图 2–75　Sweet Letters 字母甜品零食

（3）字体的搭配组合。在版式设计中，无论内容多少，都有主次之分，这就需要通过字体的类型和大小来配合了。一幅作品中字体类型不宜过多，否则会产生琐碎与杂乱的感觉。标题文字可选择相对宽粗的或有一定装饰性的字体，而大量正文、段落文字则适合选择简洁、便于阅读的字体。搭配字体的时候要注意字体与字体之间的包容性，既要有变化又要统一协调。除了汉字与汉字的关系，也要注意汉字与西文字之间的协调性。西文字尽量不要用汉字字库来处理。

（4）文字的图像式表现。文字不但具备信息的传递功能，而且可以作为图形进行表现。文字经过艺术化设计后，可以让文字形象变得情景化、视觉化。这样不仅能强化文字的语言效果，还对提升版式设计品质和视觉表现力能发挥极大的作用。应该从符号和图形两个方面去发挥它的作用。

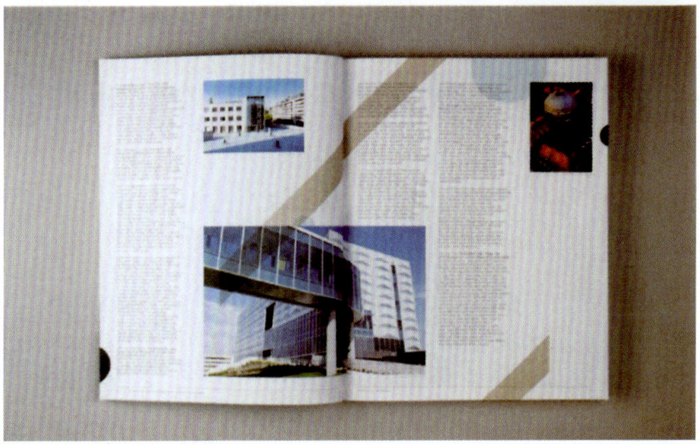

图2-76 *Shanghai Ranking*/设计公司:Sawdust工作室/设计师:罗布•冈萨雷斯(Rob Gonzalez)、乔纳森•昆顿(Jonathan Quainton)

这是一本名为《上海交通大学200强研究型大学百科全书》的全球大学指南，书籍设计与艺术指导由Swadust工作室负责。这本书基于世界上最好的200所研究型大学领导人的采访和最权威的国际大学排名机构“世界大学学术排名(ARWU)”组织对其的评审汇编而成。

2）段落编排的视觉传递

字距行距也是决定版面形式和影响阅读的重要因素。书籍正文字距通常采用密距，即设定字符间距为 0；标题可采用密距也可采用疏距，甚至可以酌情采用小于 0 的字符间距。

行距的处理一般大于字距，当字距大于行距时会产生阅读障碍。行距通常设定为字高的 150% 或 175%，一般不超过 200%。

字距 0
行距 150%

轻轻的我走了，
正如我轻轻的来；
我轻轻的招手，
作别西天的云彩。
那河畔的金柳
是夕阳中的新娘
波光里的艳影，
在我的心头荡漾。

Very quietly I take my leave
As quietly as I came here;
Quietly I wave good-bye
To the rosy clouds in the western sky.
The golden willows by the riverside
Are young brides in the setting sun
Their reflections on the shimmering waves
Always linger in the depth of my heart.

字距 0
行距 175%

轻轻的我走了，
正如我轻轻的来；
我轻轻的招手，
作别西天的云彩。
那河畔的金柳
是夕阳中的新娘
波光里的艳影，
在我的心头荡漾。

Very quietly I take my leave
As quietly as I came here;
Quietly I wave good-bye
To the rosy clouds in the western sky.
The golden willows by the riverside
Are young brides in the setting sun
Their reflections on the shimmering waves
Always linger in the depth of my heart.

字距 0
行距 200%

轻轻的我走了，
正如我轻轻的来；
我轻轻的招手，
作别西天的云彩。
那河畔的金柳
是夕阳中的新娘
波光里的艳影，
在我的心头荡漾。

Very quietly I take my leave
As quietly as I came here;
Quietly I wave good-bye
To the rosy clouds in the western sky.
The golden willows by the riverside
Are young brides in the setting sun
Their reflections on the shimmering waves
Always linger in the depth of my heart.

中文书籍的正文每行 20~35 个字比较合适，西文每行平均 7~10 个单词，40~70 个字符比较合适。过少会使段落产生频繁换行、琐碎的感觉，过多又会使人在阅读的时候产生疲倦感。

段落的基本编排形式有左右对齐、中央对齐、左边对齐、右边对齐、自由格式、中式竖排。

3）字体版权与印刷

字体具有版权，设计师在用于商业用途时需要谨慎选择字体。在作品完成后，需要对文件进行文字轮廓化描边处理，否则会出现字体不识别的情况。作为信息识别的文字，色彩模式选用 K100 的单色黑即可。

图 2-77 *Breviario*/ 设计师：鲍里斯·巴尔加斯·瓦斯奎兹（Boris Vargas Vasquez）

这是一本关于版式设计交流的杂志。读者群定位于平面设计专业的学生。其重要的理念是创造一种大胆的视觉语言和醒目的标题。

3. 图像的风采

1）图像的各种处理方式

图形是最早被人类用于传情达意的，其应用远远早于文字。当今我们也步入了“读图时代”，图像是最便捷、最直接、更形象的信息传递方式。

图像获取有多种手法，如摄影、插画、计算机图形等。随着现代科技的发展，笔和相机已经不是唯一获取元素的方式了，计算机技术的发展带来了丰富的图像处理技术，版式设计中的图像也越来越多元化。

在印刷中，图像的技术处理是很重要的，会直接影响到最后出版的效果。如果图片来自于印刷物，那么需要注意去除网纹，扫描的图片需要原大尺寸，并不小于 300 dpi 精度，同时需要在 Photoshop 图像处理软件里进行专业的修整，如调色、调对比度和饱和度、去除瑕疵等。除此之外，图像的处理技术还有裁切、出血、退底、合成和拼贴等。

（1）裁切。适当的裁切能使画面获得另外一种效果，突出重点。

（2）出血。印刷的专业术语，即画面充分延展到版面的边缘。

（3）退底。去除图像中的背景，使图像主题形象更加突出，也为版面带来更多的空间。

（4）合成。可以利用暗房技术制作，现在还可以利用计算机技术进行合成。

（5）拼贴。拼贴是一个从方法论角度看待后现代主义而产生的名词。其手法就是将图像进行裁切、打散，再从设计的角度进行重新组合，以带来强烈的视觉冲击力。

图 2-78　*Cuadro* 杂志封面

图 2-79 *Cuadro* 杂志内页

一本免费专题期刊，是拉萨尔帕丘卡大学（University La Salle Pachuca）的官方出版物。它是由通信科学专业和平面设计专业的学生负责制作，并与其他专业的师生合作完成的。每期刊物关注不同的主题，传达多方不同看法和见解，各种内容集成在一起，使整个设计看起来丰富而灵活。

2）图像与文字的编排组合

（1）图像与文字的位置关系。

① 留白编排。通过文字四周的适当留白，来增强版面的空间感和品质感。

② 图文互动。图像中的线条、空间的延展与文字巧妙地结合，引导读者视线的走向。

③ 多图少文。通过文字的点缀增加版面的活力，传达信息。

④ 多文少图。将大量文字有规则地排列，形成稳定而不呆板的感觉。

（2）图像与文字的色彩关系。文字的颜色通常以黑色为主，具有很强的包容性。此外，也可以对文字进行颜色的处理，起到活跃版面、提示重点的作用。与图像搭配时，也可以从图像中汲取，使图文有更强的联系性。

图 2-80　优秀海报设计

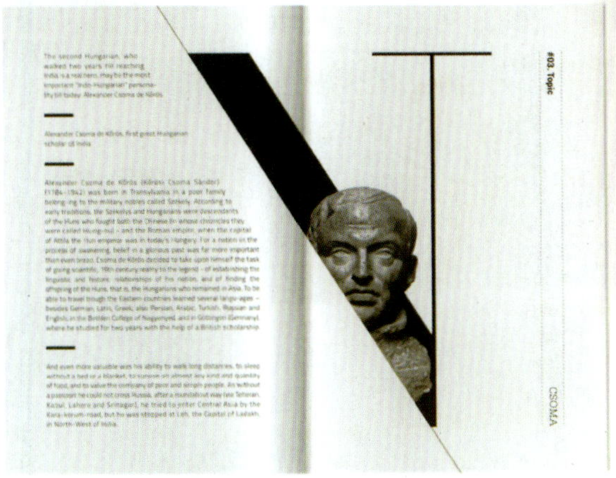

图 2–81　*Hundia*/ 设计公司：Kissmiklos 设计工作室

拜特伦福尔维（Bethlenfalvy）先生和邦塔（Bonta）先生都花了大量的时间去研究匈牙利和印度两国之间的多重文化与历史上的关联。他们希望把多年来的研究成果整合在一起，这本书随即成为他们合作的成果。设计师利用他们的图片和文字资料设计了该出版物，版面简约而不失精致。

4. 色彩的魅力

1）色彩的意义及印刷

色彩是光线通过人类的眼睛、大脑和生活经验所产生的一种视觉效应。如果没有光线，我们就无法在黑暗中分辨物体的形状和色彩。我们所看到的色彩，并不是物体本身的色彩属性，而是对物体反射的光以色彩的形式进行感知。

色彩在不同的媒体上呈现的效果是不一样的。首先，在印前的计算机显示屏上看到的色彩未必是最终印制出的颜色，需要做一些印前的准备；其次，在不同的载体上，用不同的印刷工艺，同样的颜色也会有差异性。因此，要和印刷服务、材料供应商进行必要的沟通，以减少印前印后的色差问题。

（1）四色黑与单色黑。通常大面积黑色色块、大型标题等选用四色黑（C100/M100/Y100/K100）的色彩格式，而正文和普通标题则选择单色黑（C0/M0/Y0/K100）的色彩格式，以免出现叠影。

（2）叠印。在满版色彩上留白文字，须对文字进行叠印处理，否则留白文字会出现模糊的可能性。

（3）色彩模式。用于印刷的色彩模式为 CMYK，用于打印和多媒体显示的色彩模式为 RGB。

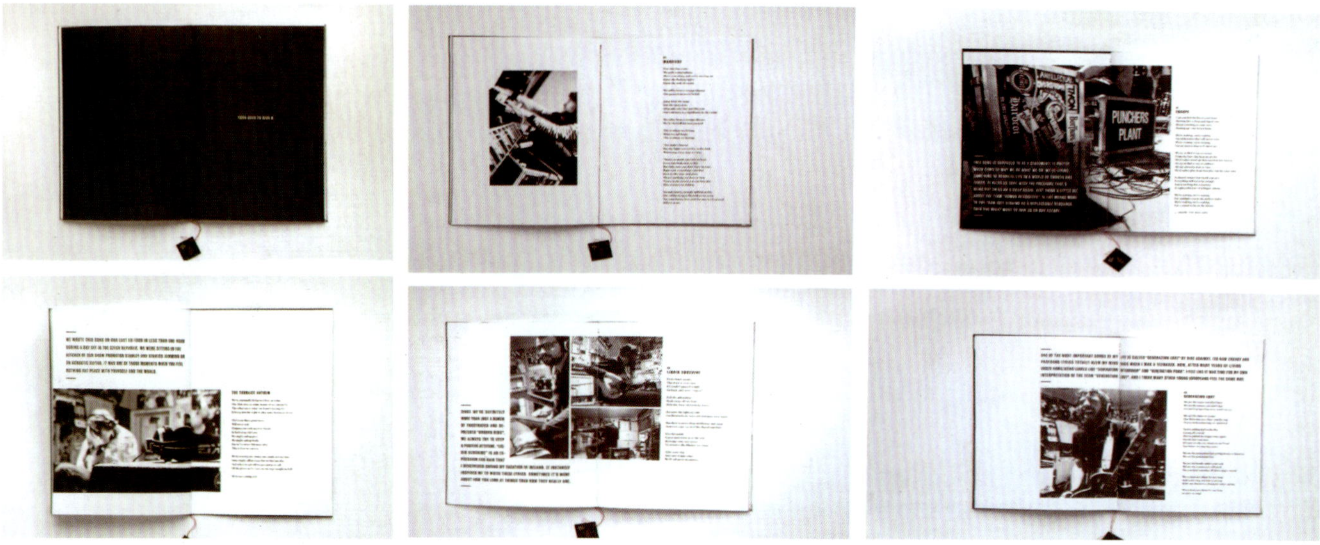

图 2–82　Punchers Plant 品牌形象 / 设计师：帕洛玛·恩德（Paloma Ernd）

设计师为唱片《如何逃离》（*How to Escape*）制作的宣传册。手工裁切，缝纫机装订。黑白色为主。

2）色彩的视觉识别性

色彩的属性主要包括色相、明度和纯度三个要素。其中，对人类心理影响最大的是色相。人类认识色彩的时候首先认识的是色相，其次是明度和纯度。

不同色彩会使人产生不同的感受，社会、政治、文化、生活等都会赋予色彩特定的含义和心理暗示。比如，红色表示热闹、吉祥、兴奋、勇气、危险等，橙色表示活力、热情等，黄色表示温暖、快乐、轻松等，绿色表示健康、环保、新鲜、和平等，青色表示清爽、寒冷、冷静等，蓝色表示犹豫、深远、科技、认真等，紫色表示高贵、忧郁等，黑色表示庄重、神秘、严肃等，白色表示纯洁、和平等，灰色表示朴素、模糊等。

各颜色情感只是指的通常情况。由于不同的国家、地区、宗教、性别、年龄等因素的差异，即使是同一种颜色也会有完全不同的解读。例如，白色在中国是丧事的代表色，但是在西方国家象征着纯洁，常用于婚礼上。在进行设计时需要综合考虑多方面的因素，以避免造成误解。

图 2-83　*Pymes* 杂志版式设计
复古的红色贯穿整个版面。

四、训练程序

理解课题

资料整合/信息梳理

设计定位/风格确立

当一个版面只有平淡枯燥的文字罗列、千篇一律的字形版式，无节奏变化的文体结构、无文字以外的任何信息衍生……设计师是不会满足于这样的单薄感的，而是要精心地进行书籍设计，提高版面的认可度，让读者易于发现设计的主体传达，产生情感共鸣；提高版面的可视性，让视觉要素一目了然；调高版面的可读性，便于读者阅读、检索。

设计者还要将司空见惯的文字融入自己的情感，并具有驾驭编排信息秩序的能力，掌握版式设计的丰富元素，从中找出创作的兴趣点、主格调。

以“中国泥人博物馆”为对象，运用文字设计、图形创意、摄影合成的手法分别制作 3 张不同形式的海报。

在对“中国泥人博物馆”及无锡泥人进行深入调研后，对泥人的文化海报有了全新的构思，以呼吁关注泥人手工艺保护为主旨。

创意草图/网格体系

要素整合/设计深化

图片处理

图像是辅助传达文字内容的设计要素，其首要任务是对文字内容进行清晰的视觉说明，同时起到视觉美化的作用，以及对于作品内在意义的解读、挖掘。

图片的好坏会直接影响书籍的视觉效果。对于出版物来说，图片质量有着严格的出版规范。通常，照片需要不小于 300 dpi 的精度，颜色模式为 CMYK，图片格式最好为 Tiff 格式。满足了常规的要求以外，图片还需要有精美的艺术风格。前期的拍摄、绘制是不可缺少的，而后期的处理也是不可忽略的。通常，设计者会在图片处理专业软件——Adobe Photoshop 里进行调试，对图片的曝光度、对比度、饱和度、色阶及色彩曲线等进行一系列的调试，使图片达到最完美的呈现状态。

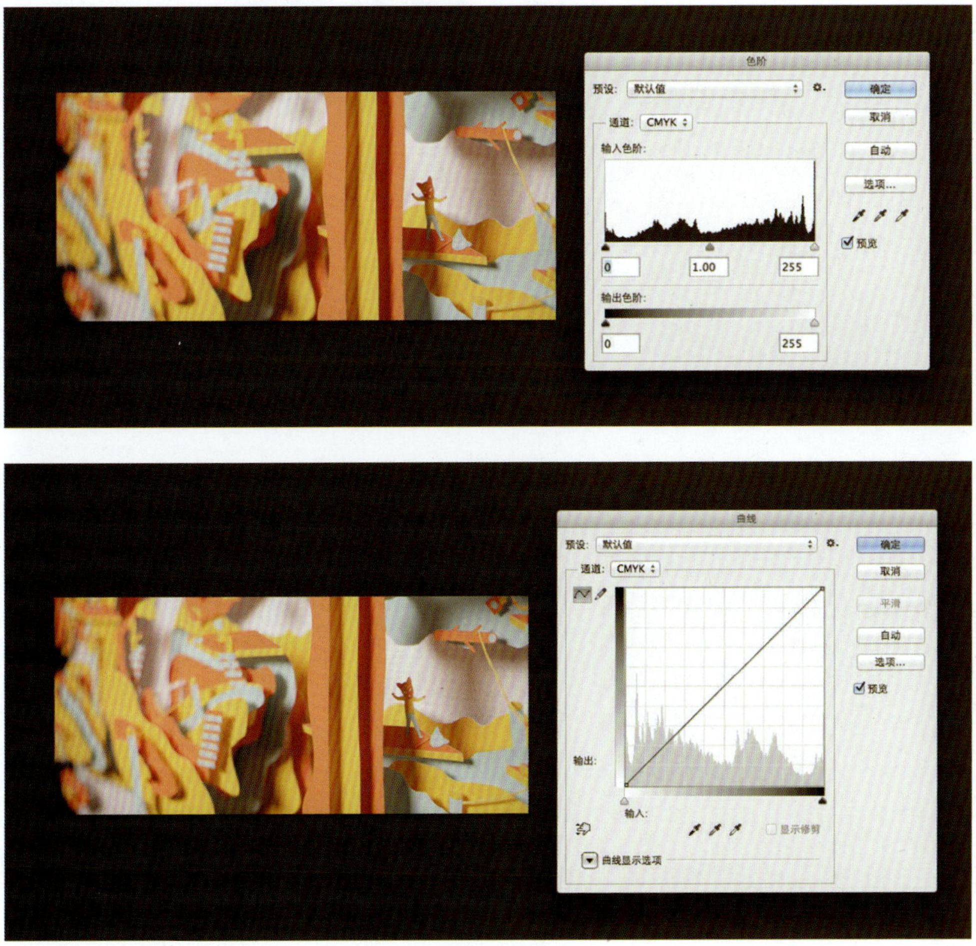

图 2-84　图片修整

字体选择

对于书籍的文字，首先需要确定字体的级数，通常会在出版专业软件——Adobe Indesign 里进行字符样式和段落样式的规范设定。决定行文级数时，应该将读者、内容、目的、版式等因素一并列入考量。例如，供成年人阅读的小说正文一般采用介于 8.5 pt 到 10 pt 之间的字级，因为肉眼最易于捕捉这种大小的字，从而使阅读的过程更加流畅。

书籍版面中的字体类别少，版面会显得稳重；字体类别多，版面显得热烈、有趣。科学、社会学、文学、经典类型书籍的版式设计理应简约合理，尽量减少字体的种类。以时尚为中心的出版物，需要多样化的字体组合，以表达现代人的动律追求。对于版面中的各部分的字体选择也是需要注意的。以正文的字体为例，通常会选择比较普及的字体，因为正文字数量较大，以免碰到生僻字处理起来比较复杂。行距、字距及段落的调整，都需要在段落样式里进行预先设置。

色彩确定

颜色是直接影响读者情感的要素，每一种颜色都像人类的性格一样，具有不同的情感倾向。

色彩还需要考虑印刷的方式和油墨的特性、纸张的材质。同样的颜色用不同的印刷方式和油墨，在不同的纸张及材料上印刷都会有所不同。运用好色彩，需要了解色彩的物化呈现效果，否则会使得设计稿与成品之间产生较大差异。

在设置书籍设计文件的时候，我们可以根据前期的草图方案，调试和设置该书籍的专色，并以 CMYK 的印刷格式设置为准。

版心大小

在 Indesign 初建文档的时候，就需要设置一系列书籍的版面规范数据，即页数、版心的大小、分栏的数量、栏间距及出血等。通常从功能来说，版心的设置会略微偏书口一些，因为靠近装订的地方会影响阅读的效果。同时根据书籍的分类属性决定版心的大小。比如，需要给读者预留笔记空间的，版心可以设置得偏小，多留一下空间以便书写。另外，版心也是能表现情绪的，设计者可以利用版心的变化诠释一些情感的因素。例如，无边距的满版版心会给人一种拥挤、丰富的感觉；五分之一版面的版心会给人一种空旷、宁静的感觉。设计有变化的版心，让读者在阅读的过程中逐渐地感受到一种变化的存在。

- 精细排版/修饰调整
- 物化介质
- 方案评估
- 印前审核
- 物化实现
- 销售流通

图 2-85 “别让泥人艺术流逝”图形海报设计 / 设计者：朝欣乐 / 指导老师：姜靓

以泥人剪影的图形创意方式，利用泥人遇水会流逝的物理状态隐射泥人艺术的消逝，文字的竖排方式恰好形成了落水的形态。

图 2-86 “保护泥人”文字海报设计 / 设计者：朝欣乐 / 指导老师：姜靓

纯度相对比较高的红、绿二色是从泥人的传统颜色中汲取的。用块面的集合形态融入文字中，体现泥人的属性。

图 2-87 “融化的泥人”综合海报设计 / 设计者：朝欣乐 / 指导老师：姜靓

用摄影的方式汲取了泥人的形态，并用计算机合成技术，设计了正在融化的泥人冰淇淋，创意语言生动而有趣，视觉语言强烈。

五、优秀海报版式设计赏析

1. 欧洲经典海报的版式设计

欧美平面设计在第二次世界大战结束之后形成了新流派——观念形象设计。这个新流派强调视觉传达的准确性、形象性和理性，影响了战后平面设计的发展，在平面设计史上具有重要的历史意义和现实意义。它与现代艺术运动有着密切的关系，从 20 世纪 60 年代开始，欧洲的观念形象设计流派代表便是视觉诗人派。其中，德国的刚特・兰堡、金特・凯泽、霍格・马蒂斯等都是当时的代表人物。

冈特・兰堡在自己的平面世界里追求艺术的自由。“诗、艺术和文学是人们每天都能感受到的，它无处不在，人们只要去观察它就能发现它。”这是他经常说的一句话。他把生活中常见的主题作为创作元素，结合艺术的手段，呈现象征的含义。从他的作品中可以看到理性主义、弗洛伊德主义的心理结构理论对他的影响。他设计的招贴画多次在国际艺术大展和双年展上获奖，并被多国博物馆、大学及文化机构收藏。

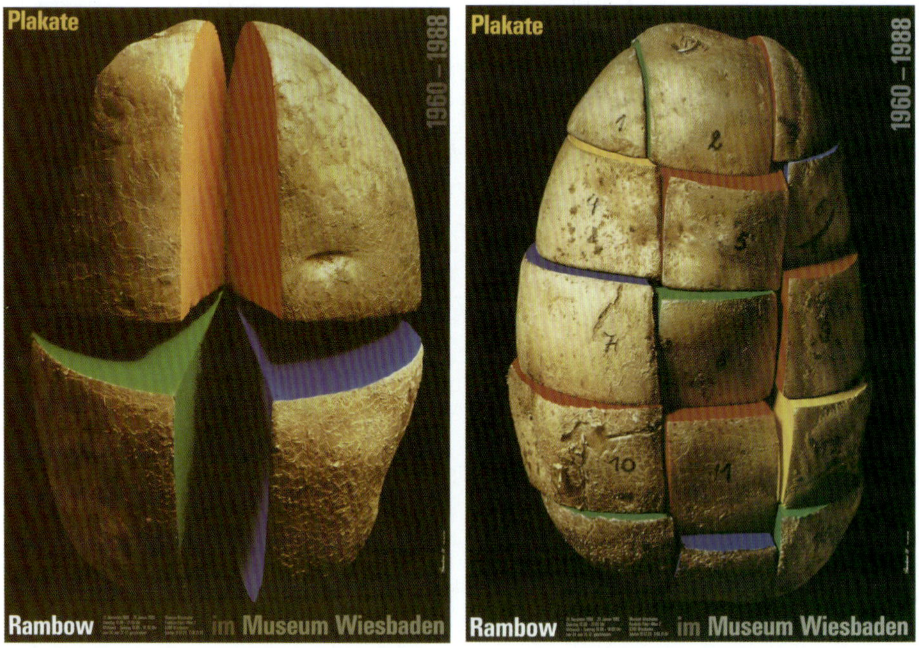

图 2-88　冈特・兰堡的海报设计

冈特・兰堡出生于第二次世界大战的策源地德国，土豆伴随兰堡度过了苦难的青少年时期，他认为土豆是德国的民族文化。他的土豆招贴令人称道的不是土豆本身，而是奇特的创意和视觉效应的魅力。土豆系列招贴体现了兰堡对土豆的钟情，也反映了兰堡对同一种设计主题的执着。

兰堡在构图时把土豆形的轮廓线和块的色彩结合在一起。轮廓线和色彩是绘画中最能表现区域的元素，兰堡将这个原理嫁接到招贴上同样取得了非同凡响的效果。

图 2-89　为勒内·布罗克画廊设计的招贴 / 1967 年

圆中带方的字体与图形的形态相得益彰。

图 2-90 《排外制造孤立》/ 1995 年

反对排外的政治招贴。

图 2-91 《排外制造孤立》/ 1995 年

红色的警示与黑白人物的孤立象征。

图 2-92　为杂志 *Egoist* 设计的招贴 /1967 年

图 2-93　莱比锡音乐厅管弦乐队 250 周年纪念招贴 / 1993 年

金特·凯泽将个人观念融入到招贴设计中，视觉诗歌的形式成为其表达思想与情感的最佳载体。中年之后，凯泽的招贴设计不再局限于商业海报的传统平面布局，而是一种表达自我意识、体现生命的诗歌创作过程，使其作品富有深刻的思想性。他熟练而自然地运用图像拼贴与嫁接的技术，其招贴作品从一开始就注重生活化元素的提取，但却能表达出不凡的寓意。他喜欢饱满的构图，把异类的材质同构在一个熟悉的主题框架中，却又能够将不同的图像完美地融合在异质同构体之中，具有超强的艺术张力。他选用的色彩凝重而质朴，但表现出的画面却既清新又浪漫，象征着生命的复苏和可贵，具有诗歌一样的意象特征。

凯泽勤奋、机智，成绩卓著，他在世界上许多国家的博物馆举办过个人作品展，在国际范围内发表专著。同时，他还是纽约博物馆、墨西哥博物馆、苏黎世博物馆、柏林博物馆等国际著名博物馆特邀代表人物，他的众多作品在国际主要赛事中频频获奖。凯泽是国际平面设计最高权威机构——国际平面设计师联盟（AGI）会员。

图 2-94　美国民间蓝调音乐节（布鲁斯音乐）招贴

金特·凯泽在这一系列音乐招贴中注入了深刻的政治内涵。蓝调音乐源自黑人乐曲，原本只是美国早期黑奴劳作时抒发情感时所吟唱的小调，与当时白人社会的音乐截然不同，听起来十分忧郁。为了纪念美国著名黑人领袖马丁·路德·金，凯泽选择了以黑人民权运动蓬勃发展作为创作背景，以“黑就是力量”作为这类招贴的主题。招贴中采用吉他为画面主题，吉他内部元素采用了拼贴的手法，将政治融入到音乐招贴中。

图 2-95　布鲁斯音乐会招贴

将用摄影手法取得的鸽子的图像与文字进行了同构。

图 2-96　招贴画

将织物缝制成表现胜利的手姿和音符，填上沙子后拍摄而成。

图 2-97　音乐会招贴

招贴中的人物为黑人音乐界泰斗、双目失明的钢琴演奏家雷·查尔斯。佩戴墨镜的查尔斯肖像融于黑色背景中，凯泽在钢琴家头像剪影中设置了一部分文字，散落分布在查尔斯所佩戴的墨镜和唇边上，很容易让人联想到查尔斯的残疾人身份和其震撼灵魂的美妙声音。左下角突出的是钢琴家名字的大写黑体字，夺人眼球，而左上方小块文字主要介绍了音乐演奏的时间、地点和人物。通过凯泽的精心编排，这些文字各司其职，穿插在画面中既和谐画面又点明主题。

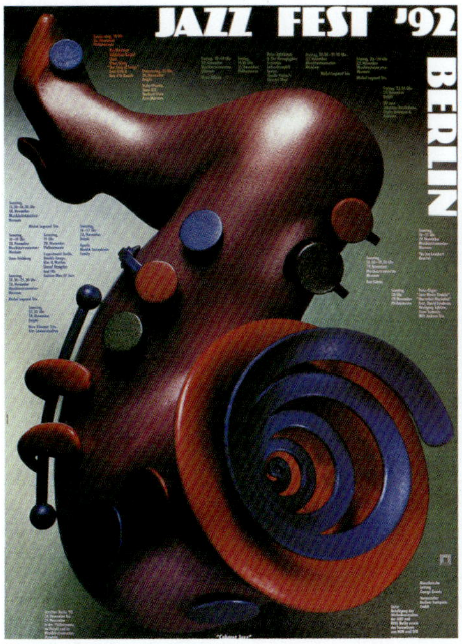

图 2-98　爵士音乐节招贴

图 2-99　爵士音乐会招贴

2. 国内外现代海报的版式设计

海报上的文字除具有信息传递的功能以外，还有视觉图形传达的功能。可以将文字作为图形进行视觉设计，如对文字进行切割、打散、重组、排列等。尤其西文字母，其本身具有强烈的几何图形感，将其巧妙地组合，能够设计出图形感极强的版面。

图 2-100　文字的图形表达

图 2-101　国外优秀海报设计 1

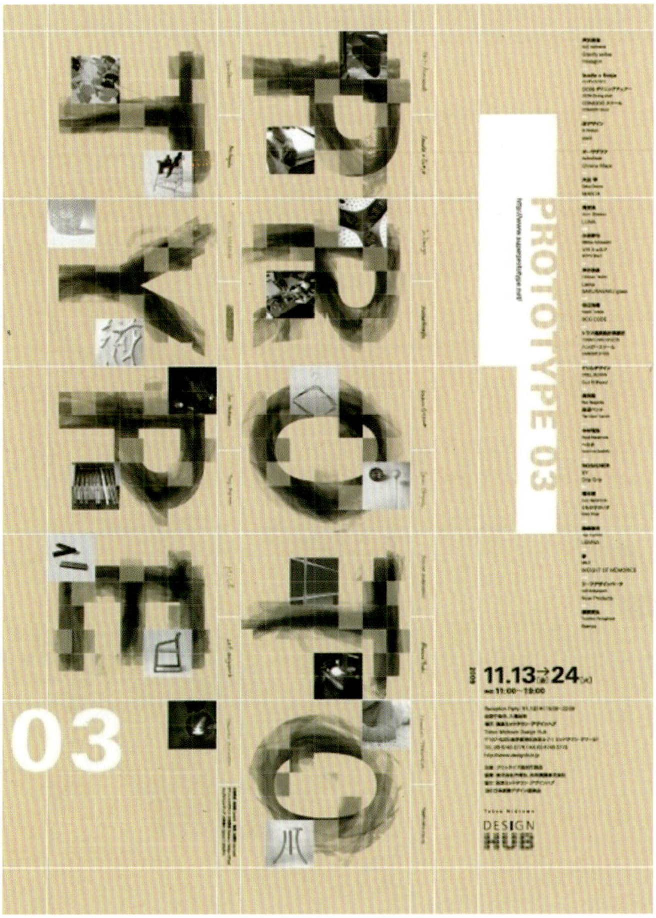

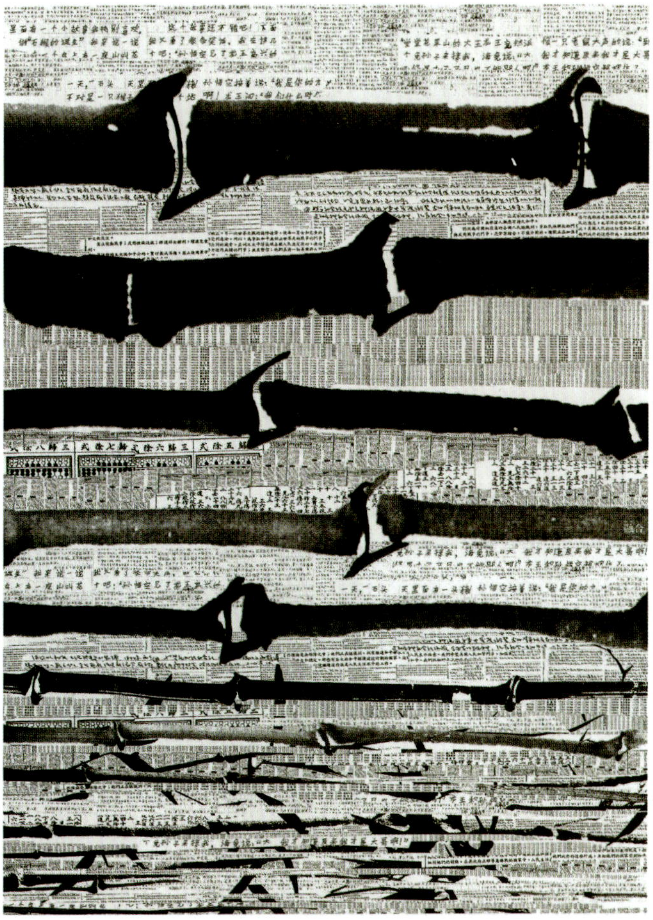

图 2–102　国外优秀海报设计 2

图 2-103　女歌唱家音乐节海报设计 / 设计公司：Doradora 设计工作室 / 设计者：多洛雷斯·奥利弗（Dolores Oliver）

设计者把艺术家的声音作为一种宣传元素，展现出青春、清新、活力和敏感的感觉。设计者希望找到一种可以表达友善且具有新鲜感的视觉元素，用以传达音乐节的精神。设计者用一种柔和的色调和茶壶、发卷等一系列女性化的元素进行设计，为了表现柔和和自然的感觉，字体多采用手写体，增加了亲近感。

图 2-104　Humanized Platform/ 设计师：李炬（Ju Lee）

在没有计算机的时代，手工制作的诠释会让如今的我们感受到非精准模式下的人情味。如今的计算机技术飞速发展，很多设计却走入了冷漠的技术时代。设计师希望通过这个作品表达：随着新艺术形式的到来，设计师可以把人类情感和计算机技术相结合，带给现代生活更多的个性化设计，却不失人情味。

第三节 训练三 折页、宣传册的版式设计

一、课程要求

1. 讲授目的

折页与宣传册是捧在手里的立体物，随着一页页翻动，此间产生了时间的流动。在读者的视线下，折页与宣传册不断变换着空间关系。可以说，折页与宣传册是静动相融，兼具时间与空间的艺术。我们要把握住宣传册的变化过程，把握住每一个时空中的变化，引导读者产生情绪的共鸣、记忆的再现及互动的积极性，从而将折页与宣传册推向一个全新的设计层面。

2. 作业及要求

作业 A

宣传折页设计，A3 纸一张，通过不同的折叠方式，合理设计阅读的流程，以及每个页面之间的版式关系，选择适合的纸质载体。

作业呈现方式：设计打印实物及电子文档。

电子文档要求：420 mm×297 mm（A3）；数量：1 页；格式：pdf（位图文件 300 dpi 精度）。

作业 B

宣传册设计，系统地进行版式设计，考虑开本大小、装订的形式及材质的选择。合理设计阅读的流程，以及每个页面之间的版式关系。

作业呈现方式：设计打印实物及电子文档。

电子文档要求：开本不小于 A5；数量：不少于 16 页；格式：pdf（位图文件 300 dpi 精度）。

3. 时间要求

建议课时：28 课时。

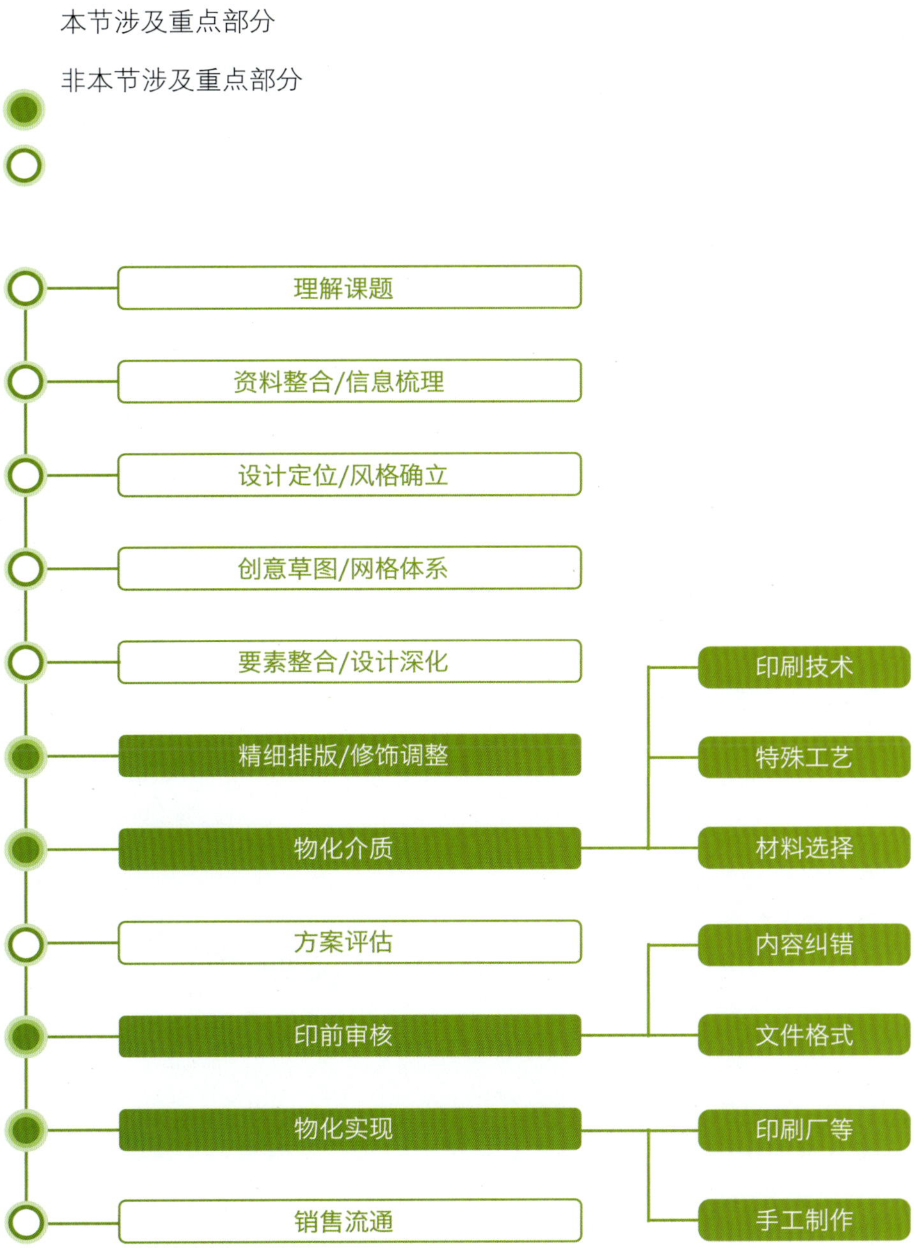
本节涉及重点部分
非本节涉及重点部分
理解课题
资料整合/信息梳理
设计定位/风格确立
创意草图/网格体系
要素整合/设计深化
精细排版/修饰调整
物化介质
方案评估
印前审核
物化实现
销售流通
印刷技术
特殊工艺
材料选择
内容纠错
文件格式
印刷厂等
手工制作

二、案例分析

折页和宣传册的内容要远远多于单页广告，不但要注意每一页的版式设计，还要注意跨页之间的版面关系，更需要注意整本折页或宣传册翻阅时的时空关系，此外还有视觉以外的触觉、听觉，乃至嗅觉和味觉的感受，是从二维向三维和四维发展的综合性版式设计。以下为一些优秀学生作品。

如图 2-105 所示，《撒哈拉的故事》将大沙漠的狂野温柔和三毛、荷西活力四射的婚姻生活淋漓尽致地展现在大家面前。本书以三毛“我每想你一次，天上飘落一粒沙，从此成了撒哈拉”为线索，于封面表现出沙子堆积和流动的质感，展示三毛虽地处荒芜的大沙漠，却依然安乐于生活的细节，不因生活的窘迫而放弃自身对美好的追求。本书将每一个文字比喻成一粒沙，在书中不断地流淌着。流动的版面形式，显出沙子随风而逝的灵动性，也表现出三毛那自由不羁的灵魂如同流沙一般浪迹天涯。

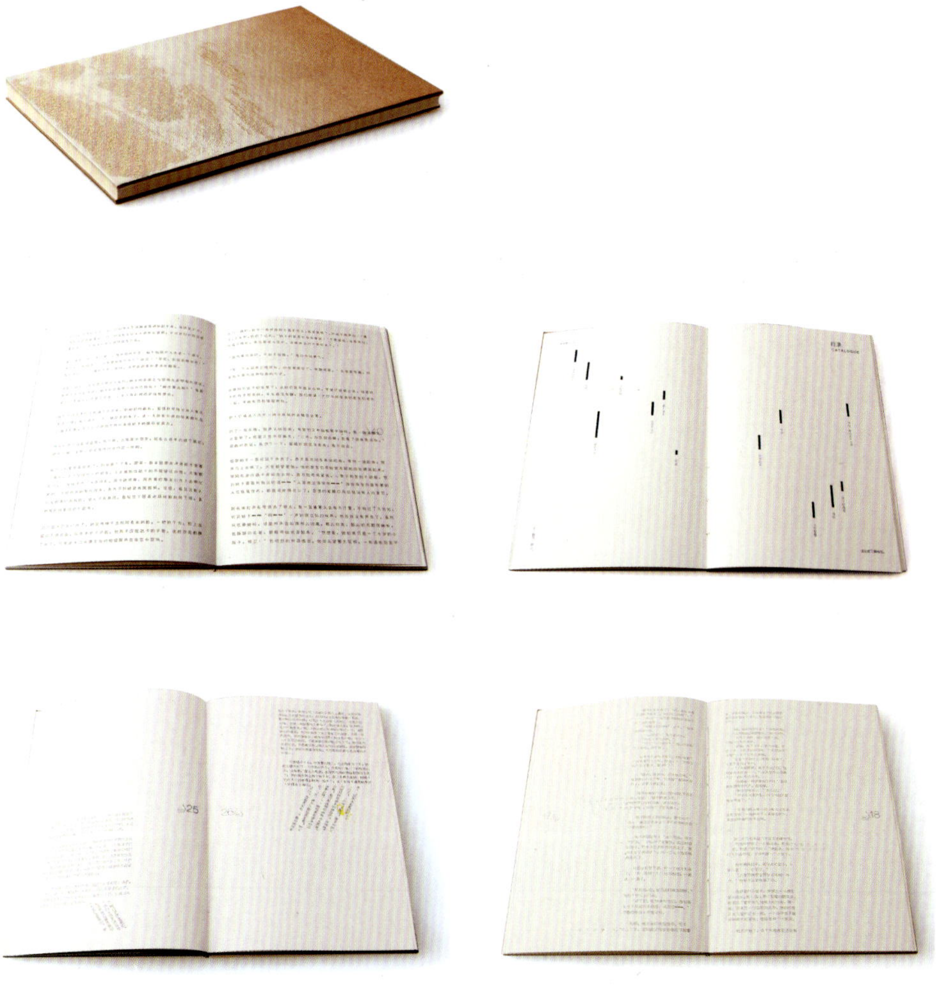

图 2-105 《撒哈拉的故事》/ 设计者：魏颢 / 指导老师：姜靓

图 2-106 《不会写诗》/ 设计者：李星霖 / 指导老师：姜靓

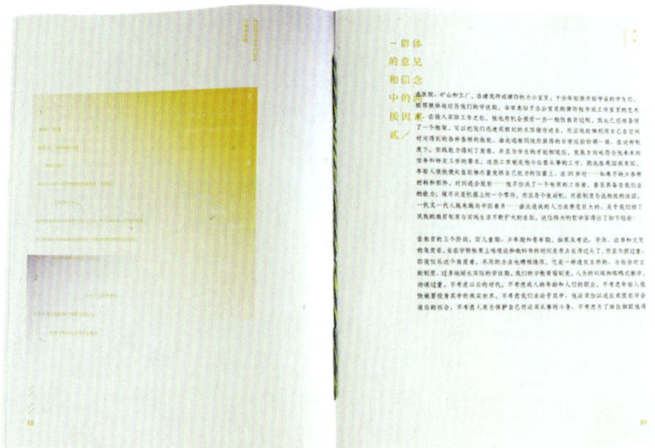

图 2-107 《乌合之众》/ 设计者：杨嘉雯

从封面的三角立体结构，到内文版面的三角几何图形，设计者将三角几何形态元素贯穿全文，并且很好地利用了蓝色与黄色的关系，使得版式设计活泼、生动。

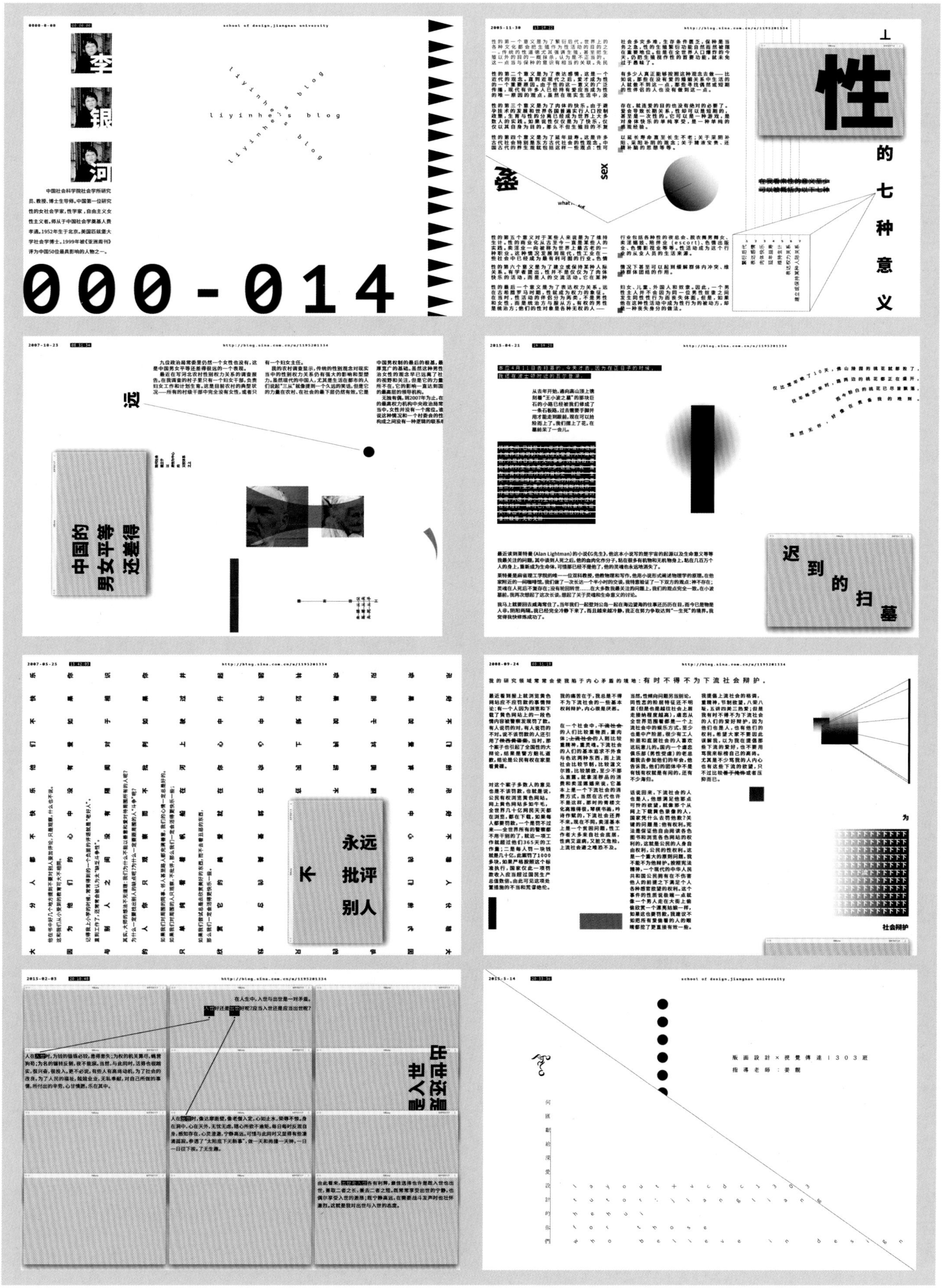

图 2-108　Liyinhe blog/ 设计者：何汇 / 指导老师：姜靓

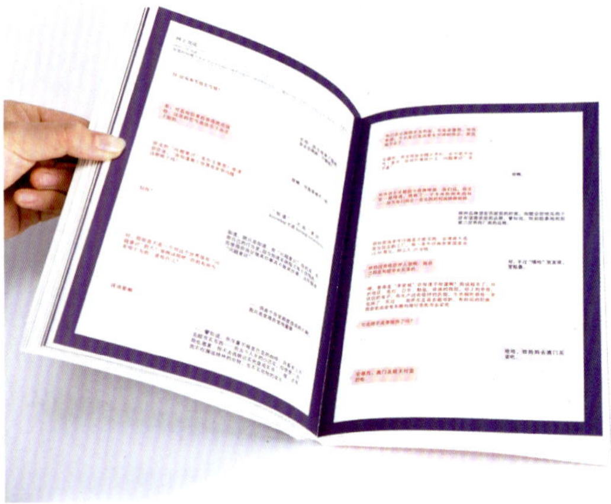

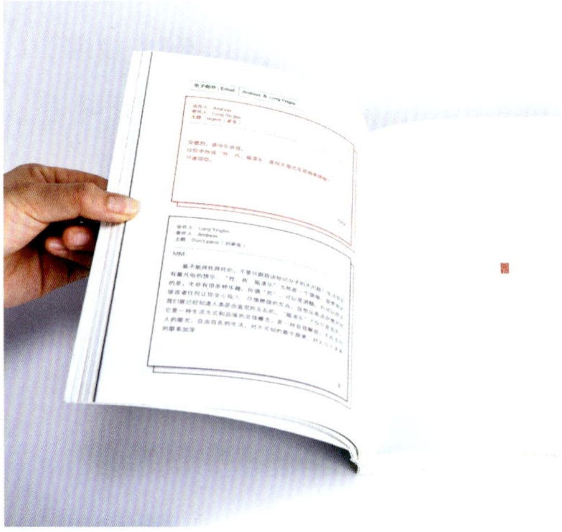

图 2-109 《亲爱的安德烈》/ 设计者：王琳琳 / 指导老师：姜靓

全书用了紫色和红色两种颜色，分别代表了两个人，恰好体现了这本书对话的形式。

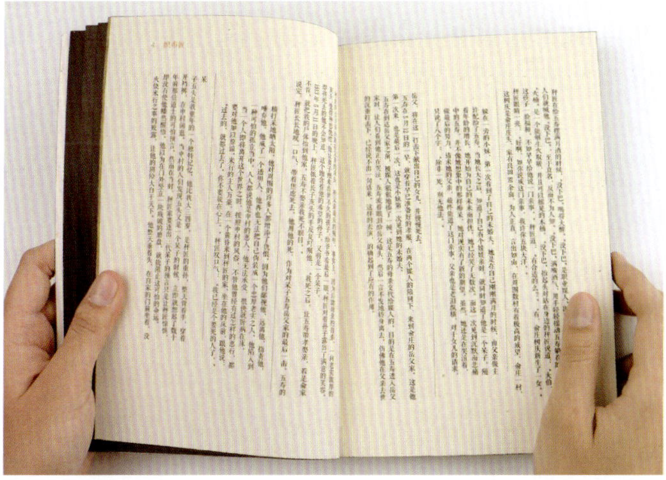

图 2-110 《匠人》/ 设计者：郑博伟 / 指导老师：陈原川

版式设计打破常规的方式，根据内容在网格系统里进行多样的编排。全书以黑色色调烘托气氛，设计沉稳中带有变化。

三、知识点

1. 材料及工艺

1）纸张

我国是发明造纸术的国家。纸可用来书写、绘画，广泛传播文化信息，能工巧匠们还能在纸面上施展才华，创造平面艺术。它推动了人类文字载体的革命，对世界文明的推进有着不可磨灭的贡献。

纸是信息传播的媒介，是视觉传递的平台。纸张为传递信息、传播文化、表现书画艺术、推动印刷术等提供了发展的机遇，是中华乃至世界文明发展的重要催生物。纸张与人们的生活休戚相关，纸已是人类生命中离不开的现实存在。

纸张在书籍上的使用，从单张的书页积累到装订成册，使中国书籍发展到册页制度，这种制度至今也是全世界范围内的所有纸质书籍的普遍形式。

在近代书籍装帧设计中，设计者往往只是在计算机里进行图形文字的平面拼贴，纸张只作为成本最低、最宜携带阅读的基础用材。随着当下设计理念的转换和设计思维的拓展，“书籍装帧设计”逐渐被“书籍设计”所取代，设计者必须从文字、图像、色彩及开本、装订、印制、材料、时间等多方面进行立体创作，必须对印制材料进行认真的选择和把握，从而充分彰显充满个性的纸张的魅力。

纸张的绝佳优异性，赋予了书籍如今的辉煌。一本书的整体书心、印刷的表面及内页，基本都是由纸来组成的。因此，在做书籍设计之前，重要的一部分是需要了解纸张的物理性质，熟悉各种可供书籍设计的不同纸张。

纸张包括以下一些物理特性：大小尺幅、重量、厚度、纹路、透光性、表面梳理及颜色。在做书籍设计时，为书籍挑选适合的纸张的同时，还需要考虑价格、供应等因素，以及纸张的着墨性、再生原料的含量等细节问题。

（1）纸度。纸度即纸张的规格。在手工造纸初期尚未制定纸度的相关标准。19 世纪，工业革命后，纸张的制造转入机器印刷的时代，就需要对纸张制定规格标准，从而可以配合机器印刷作业的流程。主要标准纸度分为 ISO 纸度、北美纸度和英伦纸度，而中国地区主要实行的是 ISO 纸度。

（2）纸重。纸重即纸张的重量。纸重的测量方式有两种：一种为北美地区的测量方式，是以“一令”即五百张全纸的磅数作为计重基准；另一种测量方式较为普遍，是以每平方米的纸张的克数作为纸重单位。后者的方式与纸张的大小规格完全无关，用来比较不同纸重的纸张较为简单易懂。比如，50 g/m^2 的纸一定非常轻，240 g/m^2 的纸则必然重许多。

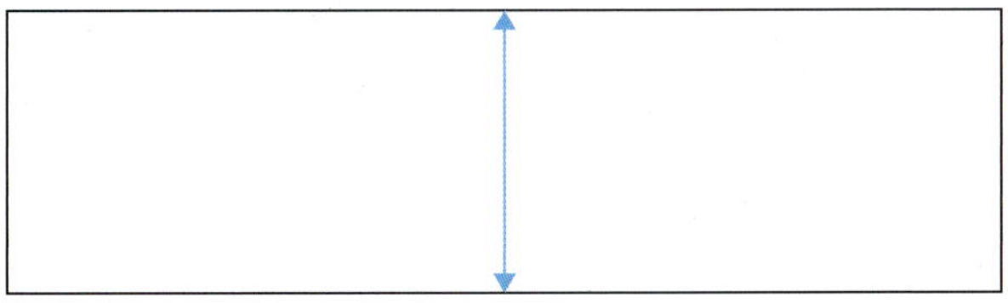

横丝：丝流方向顺着纸张短边

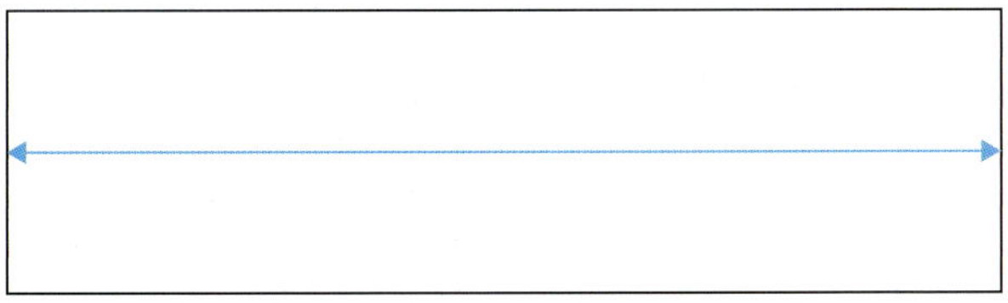

直丝：丝流方向顺着纸张长边

图 2–111　丝流方向

图 2–112　透光率检测图

把纸张覆盖在这组透光率检测图上，便可用肉眼判断、比较不同纸张的透光度。

（3）丝流方向。丝流方向即制造纸张过程中的纤维分布的方向。丝流方向产生于机器造纸的过程中，手工造纸则不会。纤维方向顺着纸张的长边则称之为直丝，顺着短边则称之为横丝。顺着丝流方向可以很顺畅及平整地撕下纸张，反之则会撕得参差不平。沿着直丝折叠纸张，会比沿横丝折叠更加容易、更加平整。

（4）透光率。透光率即光线穿透一张纸的程度。透光率主要取决于纸张的厚度、纤维的紧密程度及表面加工的不同种类。在设计书籍时，透光率是选择书籍内页纸张不可缺少的考虑因素，透光率过高，背页透印会干扰阅读。但是，设计师可以利用纸张不同的透光率，产生不同的设计效果。例如，透光率高的纸张能产生多层次的透叠视觉效果等。

（5）色泽。纸张的色泽主要产生于拌浆过程中加入的染剂。一部分造纸厂可以保持纸张的一贯色泽，但也有一部分造纸厂（尤其是使用大量再生原料）则会由于原料的不同使纸张产生成色的差异。选纸过程中需要细心审视纸张的色泽属性，并且考虑印刷图片之后的效果。

2）新材料和现代工艺

俗话说："感人之心，莫先乎情。"可见情感在人对事物认知中的重要性。美的材质是外露而可被感知的，每一种材质都具有自身的个性与情感体现，这需要设计师更好地驾驭这些材质，将它们合理地、发挥最大潜质地运用到自己的作品上来。

（1）特殊油墨印刷。特殊油墨印刷，即可根据设计需要选择特殊的油墨印制专色，如荧光油墨、感光油墨、感温油墨等。设计师可利用此工艺设计独特效果的书籍。

（2）烫金。通过加热、施压，将金、银、白金、青铜、黄铜、红铜等金属箔料的背面粘贴到纸上，产生闪亮的金属光泽。

（3）拱凸。拱凸是在纸张表面做出凸起的图纹。可在硬板上以照相腐蚀或模印方式形成反向的凹陷图纹，然后施加重力将硬板压在纸面上，凹陷图纹便会在纸上留下凸纹。

图 2-113 *Good Ideas Glow in the Dark*

正如书名所说，好创意在黑暗中也能发光。利用夜光油墨，合理又独具匠心地体现了信息内容。

（4）模切。运用模切可以把纸张切割成各种形状或在纸上打出孔洞。但对切割的尺寸有限定，过于小或细致的图形无法精确地模切。

（5）激光鉴刻。激光鉴刻的费用比模切昂贵，处理速度也比较缓慢，但是能够制作十分精细的切割效果。可鉴出直径与纸张厚度相当的极小孔洞。

图 2-114 HKAD Global Design Awards 2011/ 设计者：Kim hung, Choi

图 2-115 Ch.ACO 艺术展宣传手册

这是 2009 年度 Ch.ACO 艺术展宣传手册，内容包括画室和参展商注册展览的方法，以及介绍智利艺术的一些文章。该艺术展是在一个机场举行的，展览地点包括机库、帐篷及跑道。手册采用了丝网印刷和模切的技术手段，使得封面的视觉效果更加生动。

（6）加膜。加膜是在纸张上施加保护层。一般的加膜运用的是加热、加压，将一片透明的塑料胶薄膜紧紧附着在纸张的表面。

（7）新材料。对材料进行选择是设计工作的一部分，既不能随意而为之，也不可过多地施以人为的加工，否则会破坏自然的魅力，从而降低美的程度。要想把握好内容与材料之间的分寸感，就需要了解材质的语言、表情、性格，并通过恰到好处的艺术手段来充分彰显材料的自然之美。

当代书籍等出版物的材料汲取已经不再局限于纸质了，木材、金属、塑料、织物、皮革，甚至高分子材料、高科技复合材料等都是设计师手中的材料元素。材料的种类繁多，性质也是多种多样的。天然的材料经历大自然数亿年的洗礼，凝聚着自然的恩惠，它的美众所周知，但它也具有让人难以预料的神秘性。现代科技发展下的人工材料，虽没有天然材料如此地具有亲和力，但是它有很强的可塑性，可批量生产，成本低廉，补充了天然材料的很多不足。

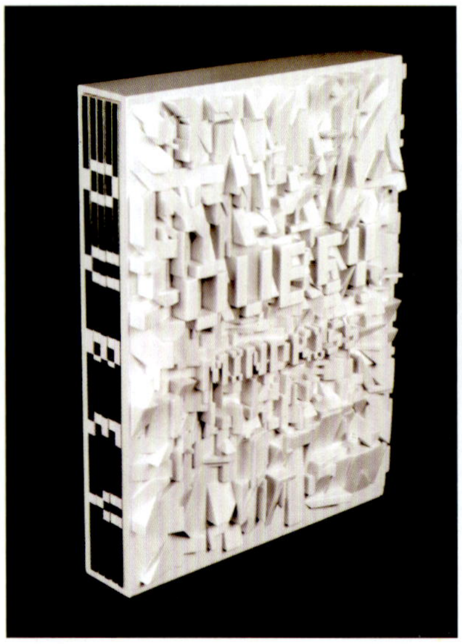

图2-116 《OUBEY心灵之吻》

这套介绍德国艺术家OUBEY的出版物内容非常丰富。无论读者翻开哪一卷，都可以感受到OUBEY对于3D技术非常感兴趣。书脊强调了OUBEY作品的连贯性和幽默感。按照某一特定顺序摆放时，书脊可以拼出OUBEY的名字。若书的摆放顺序不同，则会有不同的符号出现，就像象形文字一样。同时在封面的设计上也强调了3D的立体效果。

图2-117　not for commercial-Paste

图 2-118　*Branding China*/ 设计师：陈浙雨

这是为中国旅行社设计的一个品牌宣传册。设计师用四种颜色来分别代表中国的东、西、南、北四个地区，引导读者发现这四个地区不一样的景观和人文环境。四本宣传册被整合成一部系统的中国百科全书。

2. 情感及互动

宣传册是四维的，除了二维的平面设计感，还需要三维的立体呈现感，最终还需要第四维的时空感。随着页面的翻动，便产生了时间的流动，读者的阅读过程就是在宣传册里进行时空的畅游。

要把握元素与时空的关系。视觉元素的安置关键是如何形成或创造空间，空间是依据元素的配置场所产生变化的。时空包括了时间，这不能用简单的言语表达，但是在实际的设计中却可以处处意识到。

情感不只来自于感官知觉的激发，更是产生于对岁月的回顾和记忆。情感的最深层次和记忆相关，记忆往往伴随着情感，而情感有助于加深记忆。记忆作为一种基本的心理过程，是和其他心理活动密切联系着的。记忆联结着人的心理活动，是人们学习、工作和生活的基本机能。把抽象无序转变成形象有序的过程就是记忆的关键。人和物品的交集，留下的不仅是为人熟知的视觉形象，整个接触的过程会促使人们思考和分析，激发人们对周围事物深层次的理解和感悟，使得所交集的物品有了生命的光彩，变得非比寻常，这就是设计中的记忆共鸣。特别的宣传册之所以很特别，是因为它们承载着特别的回忆或联系，它们帮助读者唤醒了情感，帮助读者消除了对宣传册的陌生感与距离感，有助于保持体验的真实稳定和新鲜度。这种由设计引发的愉悦情感，最终成为打动读者的力量，也成为联系宣传册与读者之间的纽带。

情感化设计，通俗的理解是，在设计的过程中，设计师将消费者的情感需求与精神需求作为构思理念，最终创造出令人感到快乐和舒适的作品，让人们在体验、接触作品时获得内心的愉悦，从而进一步增加生活的乐趣。在《情感化设计》一书中，诺曼教授从三个层面阐述了情感化设计的重要性：一是本能层次，指产品给人带来的感官刺激，它可迅速地对好或坏、安全或危险做出判断，并向运动系统发出适当的信号；二是行为层次，指消费者从产品的使用中获得情感，如成就感等；三是反思层次，指在前两个层次的作用下，消费者心里产生的情感、意识、文化背景等多重因素交织在一起的复杂情感。只有与消费者的情感需求达到共鸣，才能创造出令人满意的产品。

宣传册中的情感化设计同样如此，基于对全册的深度理解，凝练有效的视觉符号语言，唤起读者对宣传册的感官刺激和情感诉求。

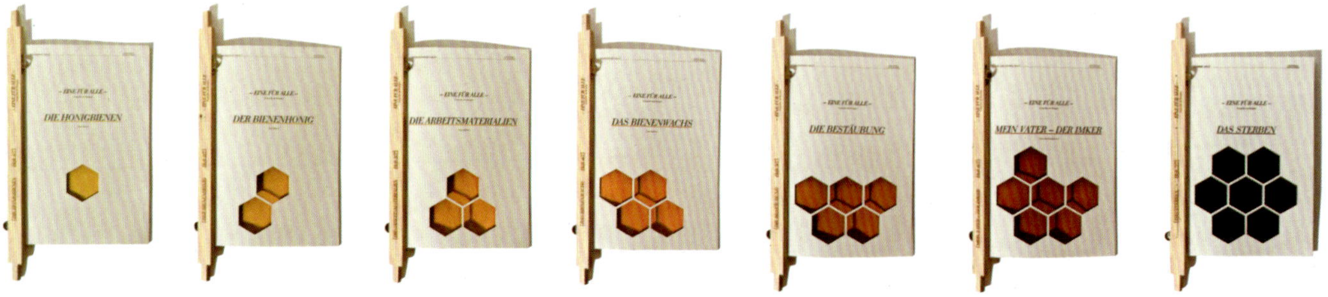

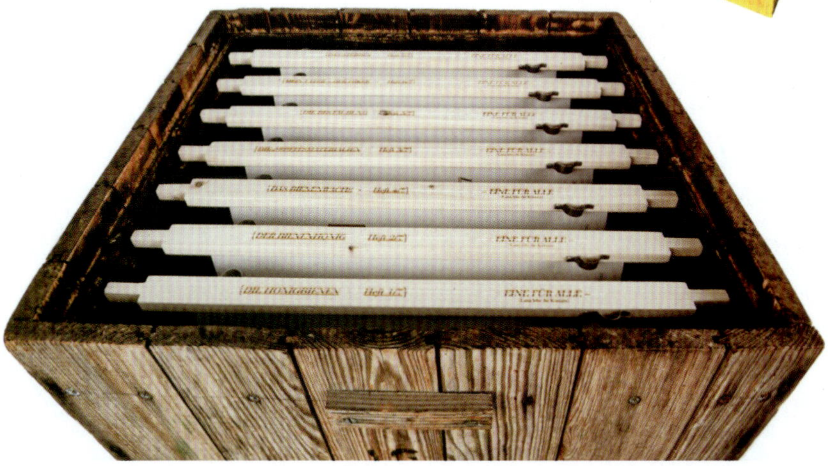

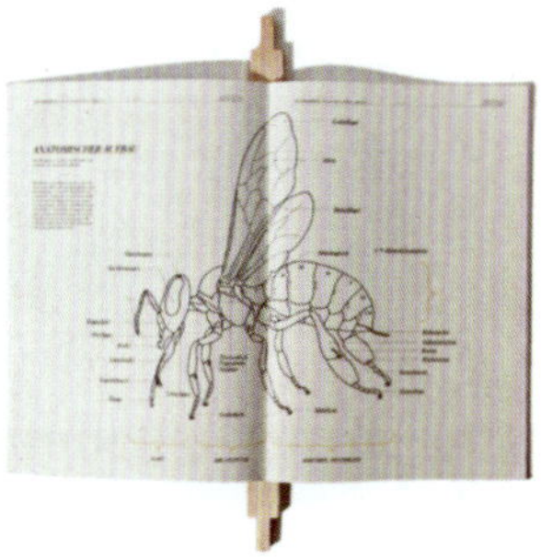
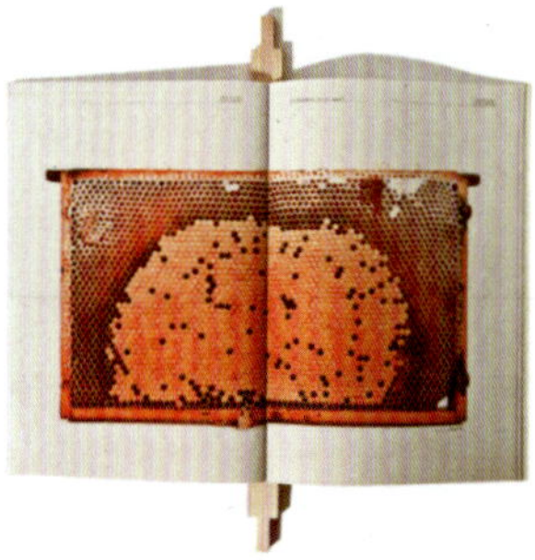

图 2-119 *One for All—Long Live the Queen*/ 设计者：Stefanie Golla

这是一套讲述蜂蜜的书。设计者围绕蜜蜂的生活特性和蜂蜜的特征，将书函设计成蜂箱的感觉，将一册册的书设计成旧式报纸夹的样子，恰到好处。

四、训练程序

理解课题

资料整合/信息梳理

折页与宣传册的信息量要比单页广告的信息量大，结构也相对复杂。信息资料整合的时候需要合理地梳理结构，使其逻辑更加清晰，容易被读者阅读和理解。

设计定位/风格确立

Travel Light 是一本穷游指南。设计师意在用设计体现一种“好胆就走，脱队万岁”的背包族精神。穷游就是背上行囊，给自己一个流浪的机会，远离习惯的生活，流浪把我们送上与自己独处的道路。流浪很辛苦，但流浪让我们认识自己。

创意草图/网格体系

要素整合/设计深化

精细排版/修饰调整

图 2-120 *Travel Light*

Travel Light 穷游指南是为青年旅店前台设置的手拎书，可在青旅前台取阅，手拎处的设计亦方便将其拎回房间或交流区继续阅读，使其成为一种在青旅内部自由流动的漂流杂志，方便穷游者规划自己的旅程，增进人们的交流。

物化介质

印刷技术

现代纸质书籍通常都会选择平版印刷，主要流程为：制版—上机—进纸—润版—上墨—印制—印张干燥。由于工艺、经济成本的限制，学生的作品均为单品，学生大多会选择打印或手工丝网印刷制作作品。但是对于掌握版式设计的知识来说，这一部分的知识也需要了解。

图 2-121　*Travel Light*/ 设计者：于洁 / 指导老师：魏洁、崔华春、姜靓

特殊工艺

现代科学技术的发展，带来的是更多的先进工艺。在油墨上已经不再局限于普通的油墨了，例如，荧光色的油墨，色彩更加绚丽；感温油墨，在不同温度下的颜色不同，利用这一点可以设计很多互动的环节；感光油墨，让隐形墨水不再是特工的专利。

印刷工艺也有丰富的形式，例如，拱凸和模印技术，可以在特种纸张上呈现凸起或凹陷的文字或纹样，使得视觉效果更加丰富，也增加了触感；烫金也是常用的特殊工艺，烫金的颜色分类很多，如金、银、白金、青铜、黄铜、红铜等。

手拎书主要采用了特殊的模切工艺。地图因为采用的是纺织品材质，所以结合了丝网印刷的工艺。

图 2-122　手拎书

材料选择

器物之美在某种程度上取决于材料之美，材料的质感可引起读者视觉和触觉的双重感受，是平滑的、粗糙的，还是柔软的、坚硬的，都通过材料的质感深深地留在了读者的心里。例如，金属虽然触感冰冷，却能给人带去现代工业的科技感；木材有很强的亲和力，可以雕刻塑形，且不同的木材还有不同的颜色、纹理、质量；塑料成本低廉可塑性强；纺织品有纸张的特性，可丝网印刷，同时有纸张没有的牢度和触感。无论选择何种材质，都需要对其有全面的了解，询问专业的技术人员，掌握材料的特性，只有这样，才能使特殊的设计效果在后期得以最优化实现。

设计者为穷游者设计了方便的口袋书。口袋书主要以地图和一些相关旅游信息为主，考虑到穷游者在旅游时需要不断翻阅此书，故选用了布类材质，避免了纸质材质多次翻阅后易破损的缺陷。

图 2-123 *Travel Light* 地图 / 设计者：于洁 / 指导老师：魏洁、崔华春、姜靓

方案评估

印前审核

内容纠错

设计完毕后，需要耐心地做复查工作。首先需要注意到文件的格式、计算机的兼容性等问题，还需要对文字、图片做细致的检查工作，特别要认真进行错别字的检查、格式的复查等等。

文件格式

要重视文件格式。对于使用 Indesign 软件制作的设计文件，最终用于印刷的格式通常为两种：一种为 PDF 格式，在存储时要制作出血、裁切、色彩等标记，文字需要创建轮廓化，否则在不同的计算机会有字体不识别的可能；另外一种为 Indesign 打包文件，打包后的文件包里除了制作的 Indesign 文件以外，还有所有图片的源文件以及字体的文件。

图 2-124　印刷文件格式

物化实现

印刷厂等

在印刷制作前，最好与印刷厂相关的人员进行沟通，其中涉及很多技术问题，如软件的兼容、印刷的技术、材料的采购、材料的工艺问题等，都要认真沟通，确认无误。

手工制作

大部分手工制作的书籍，主要涉及纸张材料的购买、打印、装订制作等问题。需要事先与专业人员沟通，以免出现问题。

图 2-125　*Travel Light* 放置于旧衣口袋改制的置书袋中

销售流通

五、国内外优秀出版印刷物赏析

图 2-126 *Graphic Happiness*/ 设 计 者：Karin Langeveld, Cuby Gerards

图 2-127 《2003—2005 中国最美的书》/ 设计者：袁银昌
2006 年“中国最美的书”获奖作品。

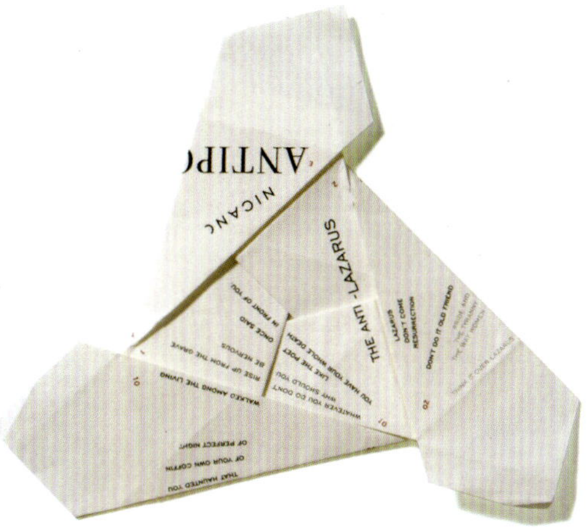

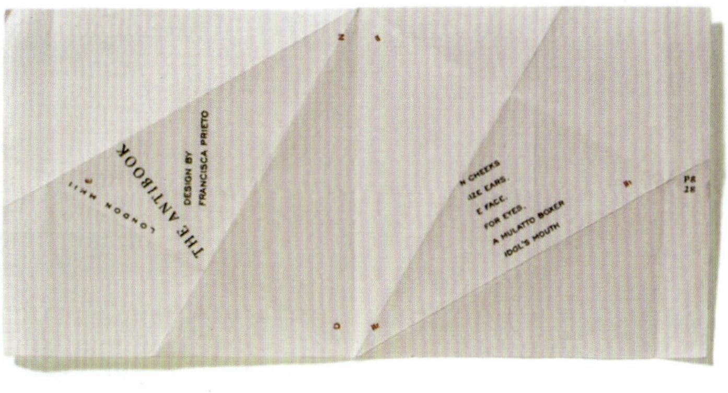

图 2–128 *The Antibook*

这本书是为了向尼卡诺尔•帕拉《反诗歌(*Antipoems*)》一书致敬，它从视觉上诠释了帕拉“反传统”的概念。为了颠覆一本典型书籍的传统形式，设计者分析了《反诗歌》一书的本质及其抽象元素，将玄机藏在了书中的每个页面里，只有将每页通过折纸的形式组成一个二十面体时，作者才能够读懂书的内容。该书属于维多利亚和阿尔伯特博物馆及大英图书馆的艺术图书收藏。

第四节　训练四　网页的版式设计

一、课程要求

1. 讲授目的

网页设计是根据需求向浏览者传递信息（包括产品、服务、理念、文化），进行网站功能策划，然后进行页面设计的工作。网页的版式设计基本基于传统纸媒的版式设计形式，但因为载体不同、阅览方式不同，网页的版式设计又有许多有趣的拓展空间。在今天的信息互联网时代，网络已经成为人们获取信息的主要渠道，所以网页的版式设计至关重要。

2. 作业及要求

运用网页的版式设计方法，进行不少于 2 个层级的网页版式设计。

作业呈现方式：电子文档。

电子文档要求：PDF（位图文件 300 dpi 精度）。

3. 时间要求

建议课时：24 课时。

● 本节涉及重点部分

○ 非本节涉及重点部分

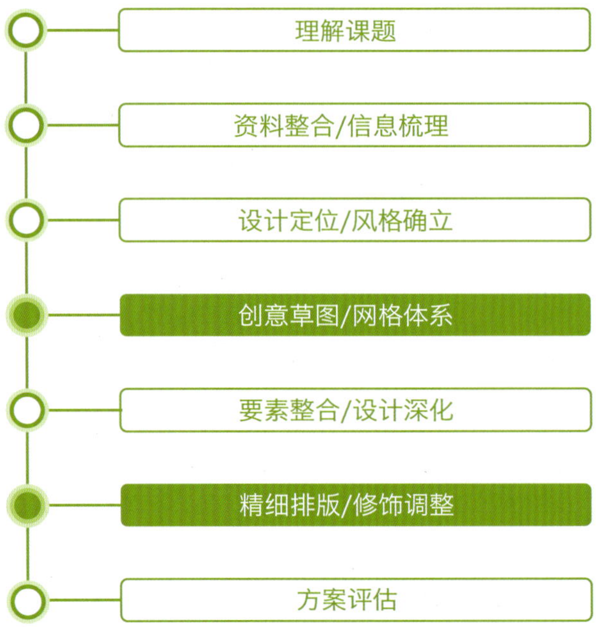

二、案例分析

如图 2-129 所示，萨玛塔曼森网站的界面设计非常的灵动，有着诸多的变化。在界面的中间是一根水平轴，支撑起文字、图像等元素。设计师在这根轴上安排了最重要的网页导航条，并将图像与文字合理地区分开，条理清晰，阅读顺畅。灰色的背景搭配色彩丰富的图像，吸引浏览者的眼球。

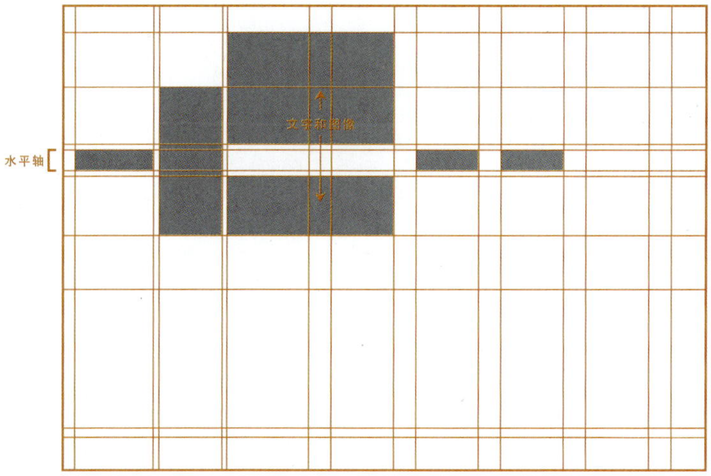

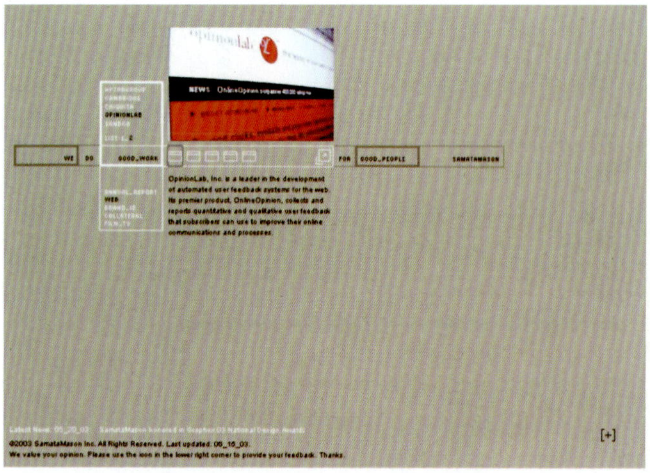

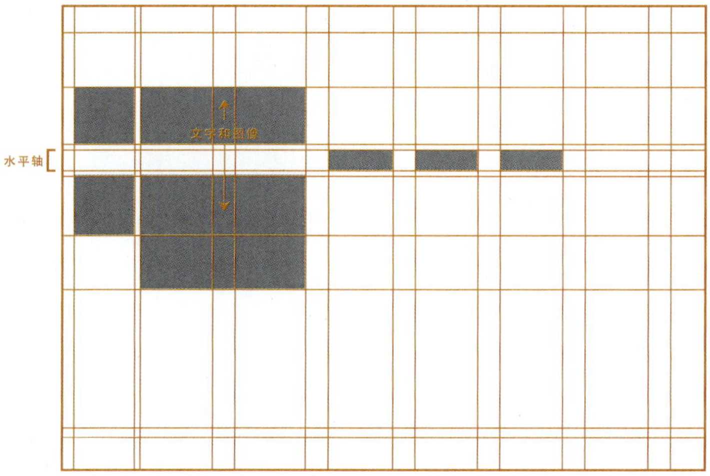

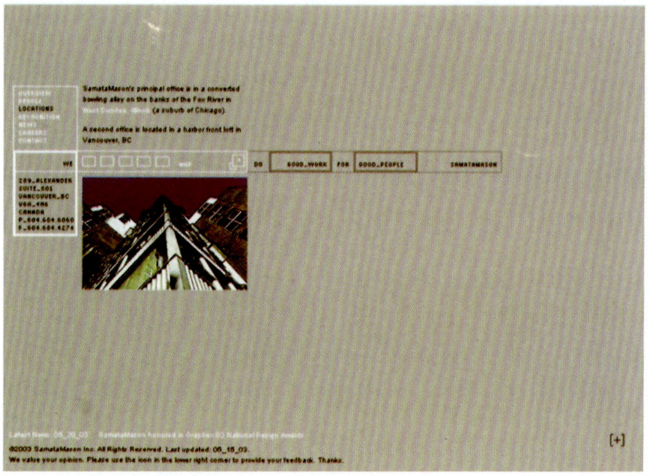

图 2-129　萨玛塔曼森网页 / 设计公司：萨玛塔曼森，伊利诺斯州敦提 / 设计师：戴夫・马森、凯文・克鲁格 / 2001 年

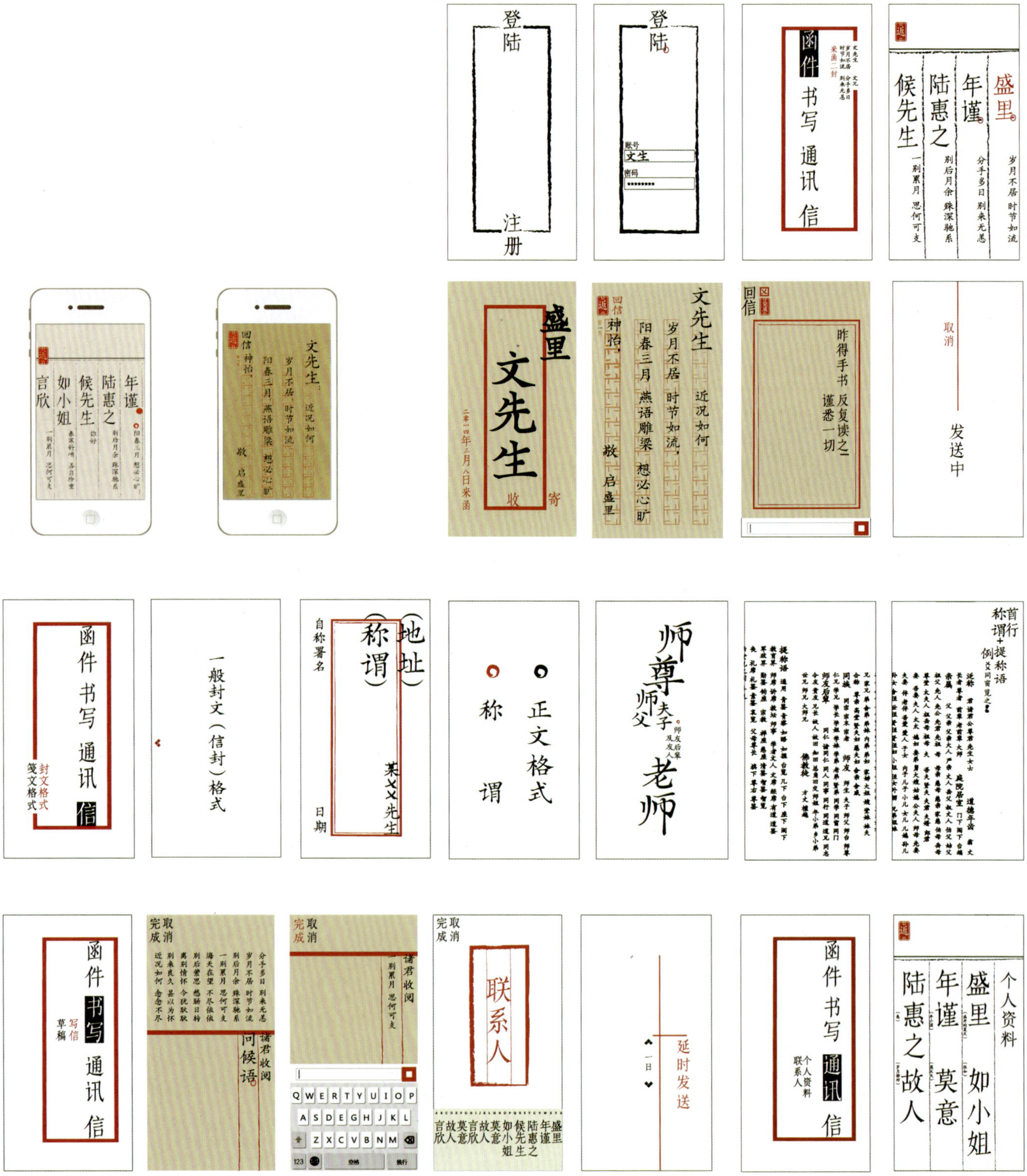

图 2-130 “信”移动平台 UI 设计 / 设计者：黄怡 / 指导老师：陈原川

三、知识点

1. 网页的框架布局

网页版式设计指在有限的屏幕空间里，将网页的文字、图像、动画、音频、视频等元素组织起来，按照一定的规律和艺术化的处理方式进行编排和布局，形成整体的视觉形象，达到有效传递信息的最终目的。

网页的网格设计基本与前面所讲的网格布局是一致的。网页页面的框架有别于普通出版物的框架结构，相对比较简洁，主要由导航条、主题按钮等重要信息将页面进行有条理的划分。网页常用的框架主要有“T”形框架、“口”形框架、“国”形框架等。

“T”形框架

“口”形框架

“国”形框架

其他框架，适用于分类简单、自由度大的网站

其他框架，打破常规形态，上下布局

图 2-131　网页常用框架

2. 网页的构成要素

1）站标

也称为 LOGO，为网站的标志，是网站视觉形象宣传的主旨。

2）导航条

是网站中多个页面的超链接组合，方便浏览者轻松找到网站中的各个页面，在最短的时间内了解整个网站的框架结构和信息内容。

3）广告条

又称 Banner。主要是宣传网站或为企业做广告。广告条可以是静态的，也可以是动态的。

4）标题栏

不一定是整个网站的标题栏，也可以是网页中某一块内容的标题栏，方便浏览页面的内容分类。

5）按钮

链接相关内容的点击按钮。

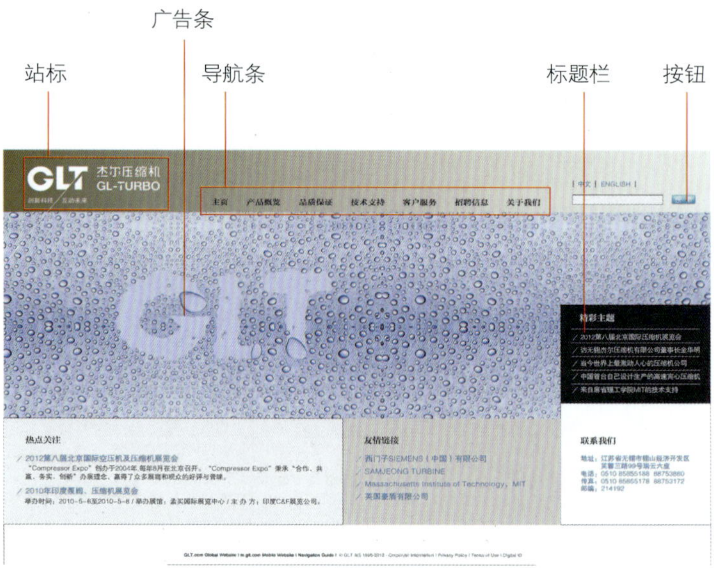

图 2-132　网页构成要素

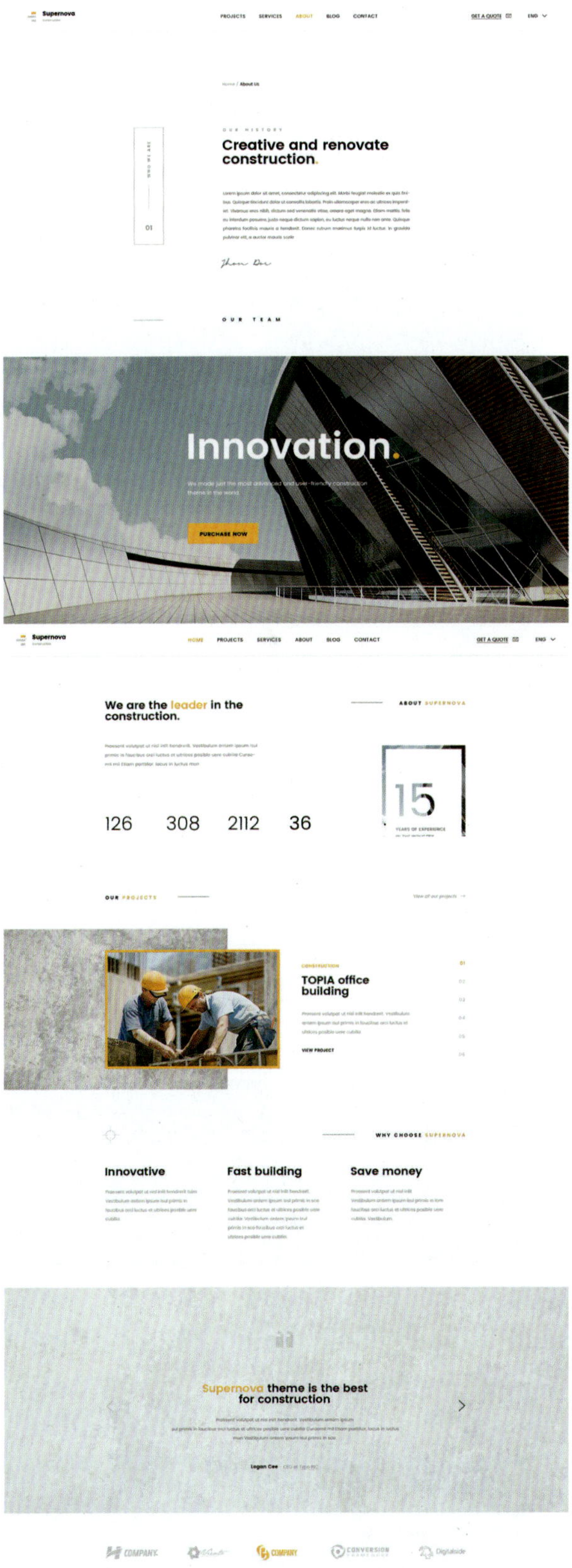

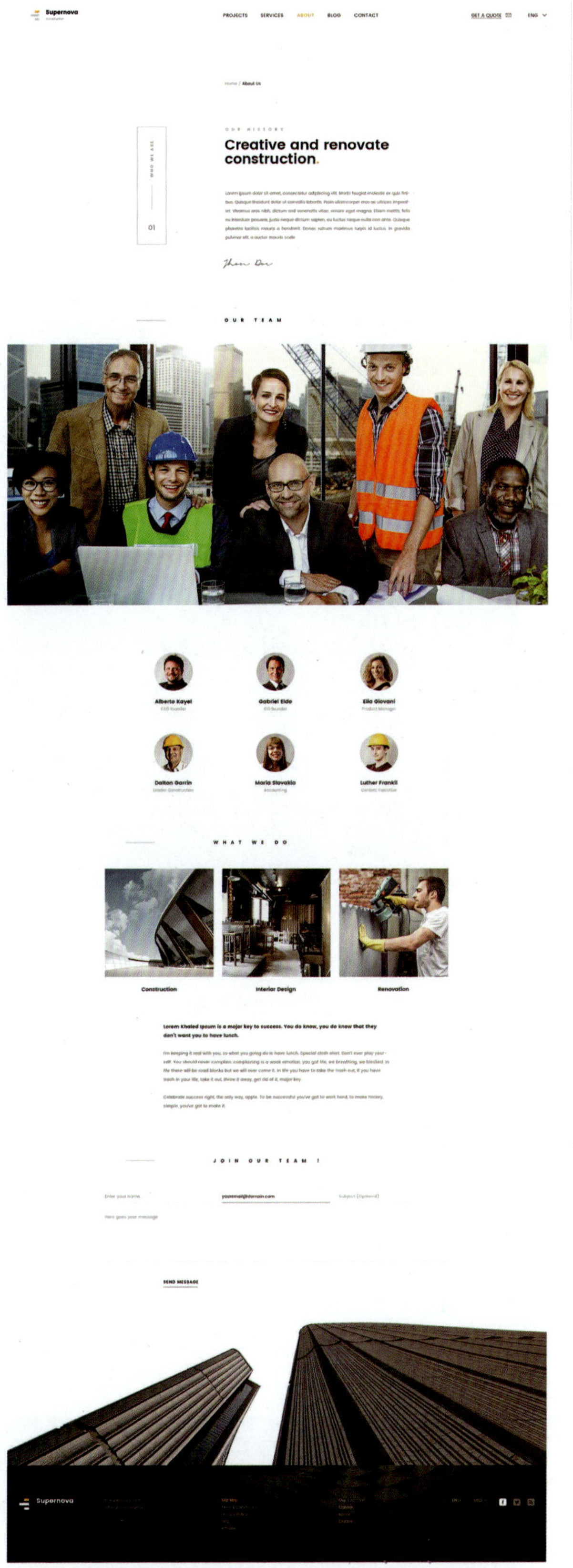

图 2-133 Supernova-Construction Website

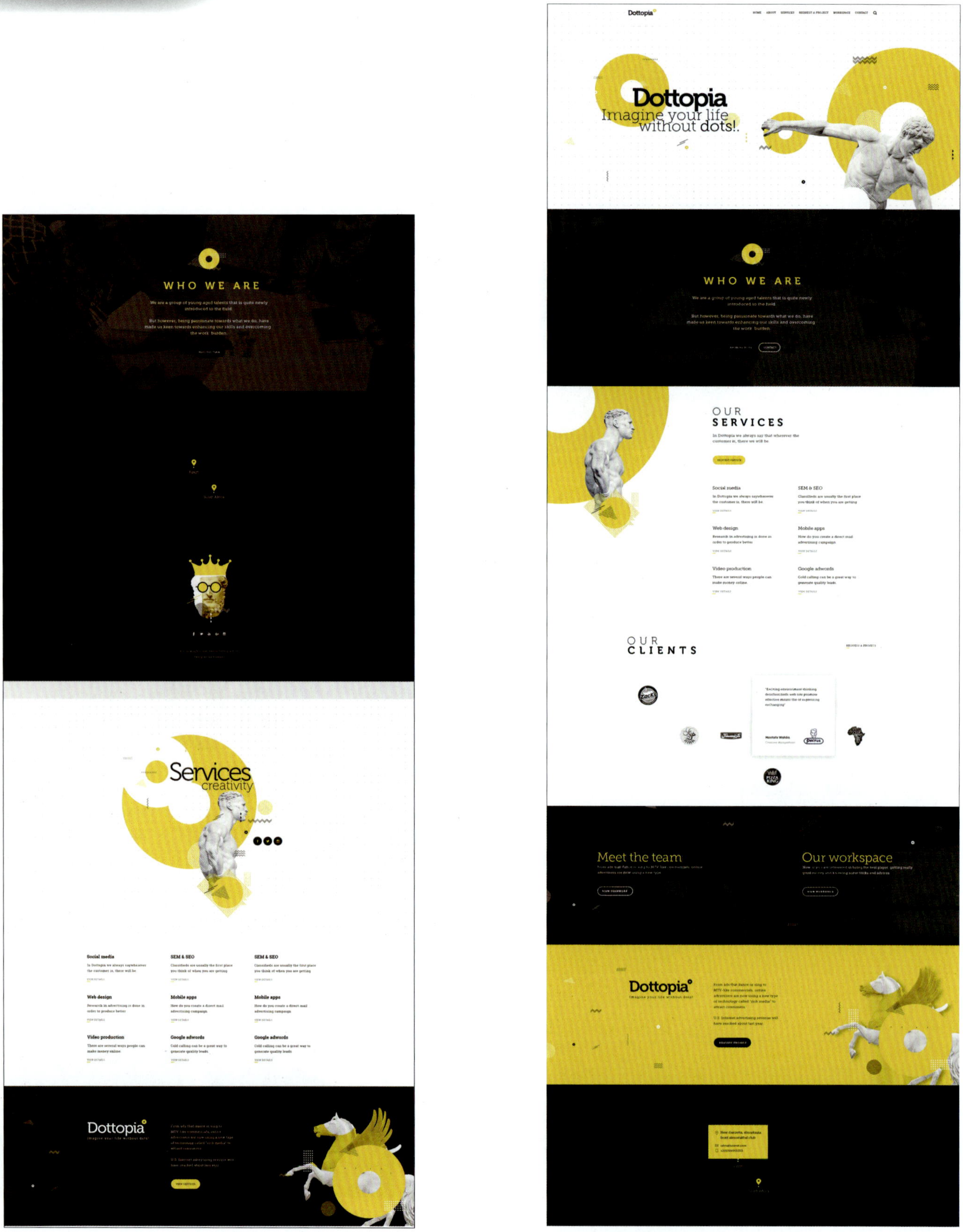

图 2–134　Dottopia web design UX/UI

四、训练程序

理解课题

资料整合/信息梳理

需要与网页编程人员进行良好的沟通，呈现技术的限制会导致视觉效果不尽如人意。在了解技术的情况下，可以将呈现的误差减少到最低。

设计定位/风格确立

以江南大学大观藏书馆为设计对象，在对大观藏书馆及藏书内容进行深入调研后，以藏书馆的书架形式为网页的图形元素，为藏书馆设计具有借阅、查阅等功能的网站。

创意草图/网格体系

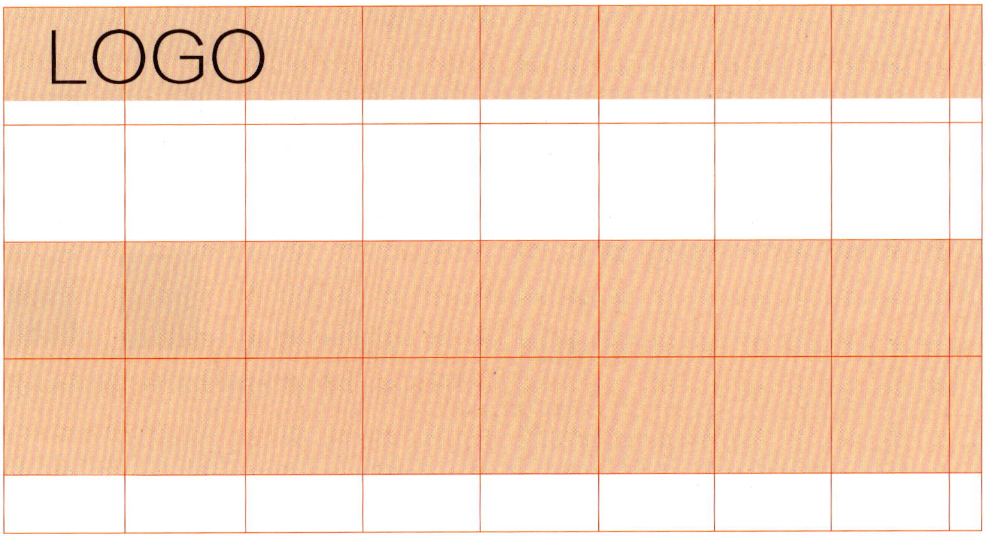

要素整合/设计深化

精细排版/修饰调整

图书种类分布完全按照实体书架的分布设置，方便线上线下查阅。分类以左右滚动的形式展现。

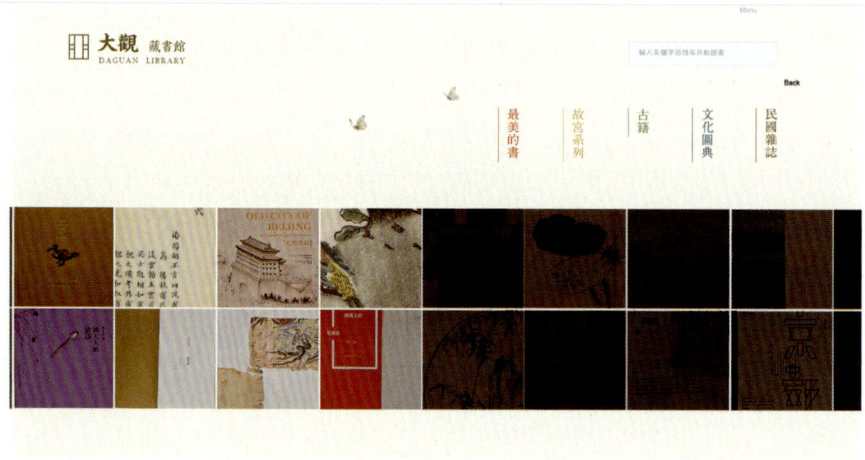

图 2-135　江南大学大观藏书馆网站主页设计

图 2-136　江南大学大观藏书馆网站二级页面设计

方案评估

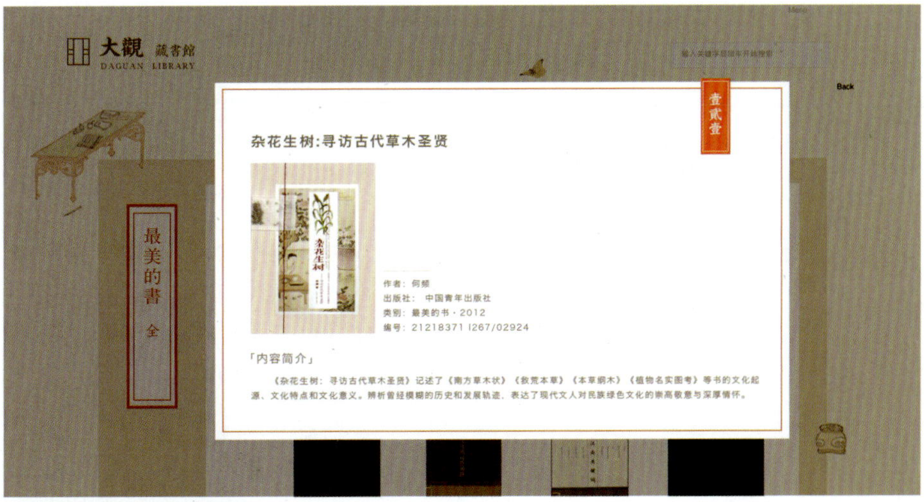

图 2–137　江南大学大观藏书馆网站三级页面设计

图 2–138　江南大学大观藏书馆网站页面设计 / 设计者：龙亦柯 / 指导老师：姜靓

五、国内外知名网站网页版式设计赏析

网页的页面版式设计与传统纸媒的版式设计还是有区别的，由于呈现技术、呈现形式、阅读浏览的方式不同，因而需要不同的设计方法。但是它们之间也有很多相通的地方。

如图 2-139 所示，这是一个设计师个人的推广项目，包括图书和网站。设计师以视觉形式讲述了怎样把平凡无奇的事情变得充满梦幻和惊奇。幻想与现实的元素在设计师手中演绎出不一样的视觉世界。图书的版面与网站的版面既统一又富有变化。

图 2-139 Cinderella Complex/ 设计师：李炬 (Ju Lee)

图 2-140　Symphonesia 品牌重塑 / 设计师：哈迪德·温多罗（Hadid Windoro）

“Symphonesia” 是笆家家兰大学（Universitas Padjadjaran）国际关系系学生会每年举办一次的综合活动。该次活动的主题是“多元化的国歌”。在这些为该活动设计的印刷品中，设计师选择了鲜艳的色彩和有趣的元素进行设计。硬朗的线条象征着“Symphonesia” 活动有着完善的组织结构，线条互相连接则反映了互联互通是国际关系价值体系的关键所在。

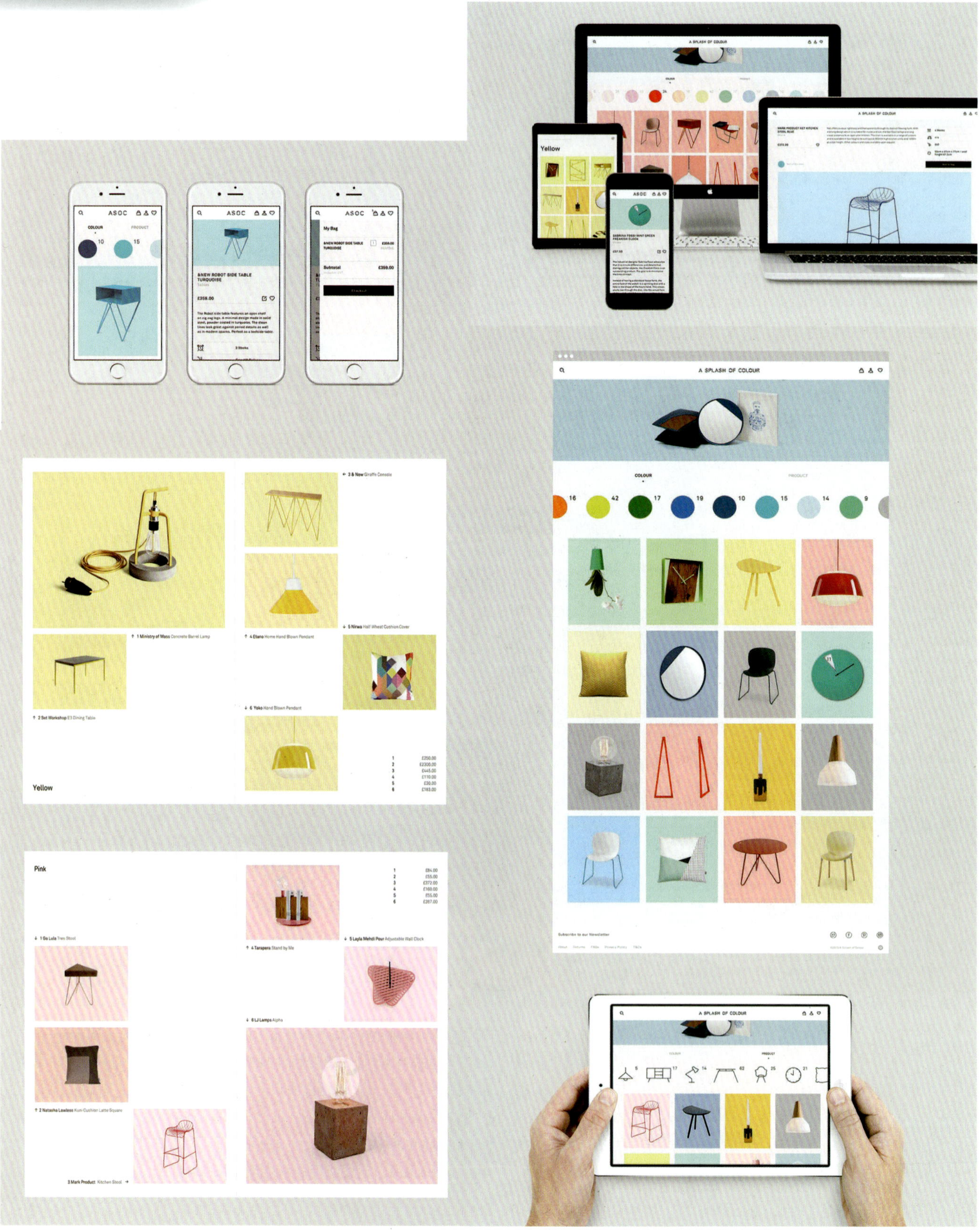

图 2-141 A Splash Of Colour 网页设计

NEMZETKÖZI
TENOR- ÉS BASSZUSHARSONA
VERSENY 2016

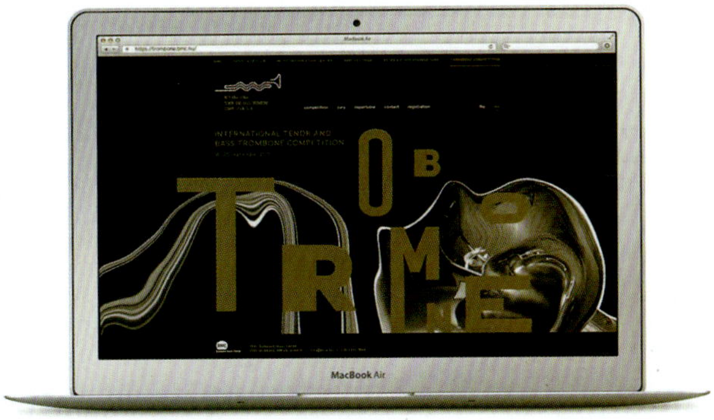

图 2-142　International Trombone Competition Image 形象系统设计

第三章
版式设计的赏析

章节提示

本章为优秀作品赏析部分，以三大板块划分，打破常规的视角，以从二维到三维再到四维的视野，全新看待版式设计这个领域。虽然版式设计是一门基础性课程，但是它的设计触角可以延展到视觉传达设计专业核心课程，乃至其他设计领域的综合设计。在让学生全面了解版式设计宽泛领域的同时，接触更多最新、最前沿的案例，促使学生时刻思考版式设计的未来发展。

第一节　二维平面中的版式设计

公元 105 年，东汉时期的蔡伦就发明了造纸术，纸也许是历史上最有用的一项发明。在上千年历史里，纸是不可被替代的主要材料。然而，法国文学理论家奥克塔夫·乌赞（Octave Uzanne）在 1894 年发表了一篇题为《书籍的终结》的文章，其中写道："阅读，至少是我们今天这种阅读，很快就会带来巨大的疲倦，因为它不但要求大脑保持持续的关注，消耗脑内大量的磷酸盐，还迫使我们的身体进入各种疲乏的状态。"乌赞认为，印刷术与其产物并不能与现代科技抗衡。乌赞还预言了有声书、平板计算机，甚至智能手机的到来。但是，谈到印刷的衰亡，他的观点未必正确。书籍、杂志和报纸等至今一直被人出版、印刷和阅读，数量有增无减。在 2007 年亚马逊推出阅读器的时候，电子书的销量一飞冲天，但在一段时间过后又跌回原先的状况——根据出版商的报告，2013 年第一季度电子书销量仅增加 5%，而传统的平装、精装本书籍销量则异常坚挺。纸质书籍在美国占据全部书籍销量的四分之三，如果算上蓬勃发展的旧书业，那么占比可能还会更高。一项新的调查显示，就连电子书最狂热的爱好者也持续购入大量纸质书。

随着电子行业的蓬勃发展，电子书替代纸质印刷物这一预言没有实现，反而大大刺激了纸质印刷物的发展。人们更加注意到了纸质印刷物的存在意义，读者的阅读感受被设计师们推到了另一个高峰，印刷物也攀登上了一个全新的起点。

一、报纸的版式设计

报刊与其他印刷物不一样的地方在于它的"新鲜"，内容基本都是新闻，而且大多是当天的。由于时效性的原因，报纸的制作成本不可能像杂志、书籍那样采用较贵的纸张、复杂的版面、精美的装订等，报纸需要信息内容在固定的版面中得到最高效的阅读，虽然也有一些异于常态的报纸，但基本还是会考虑其经济成本的。我们所见到的报纸版面基本以严格的网格系统为基础，结合大量的文字信息与图像。干净利落而有秩序感的版面是报纸的一大特色。

图 3-1　*Jup*/ 设计公司：德阿尔维斯工作室（Atelier d'alves）

本报是由波尔图学院新闻中心出版发行的月报。为满足青年读者的需求，设计师对其进行了改版，以实现一种新鲜而有吸引力的视觉效果。其采用大号字体、动态的网格系统，结合很多插画和摄影作品进行编排设计。

二、广告和海报的版式设计

广告和海报更注重的是主题性内容的宣传。其版式相对比较侧重于短时间的视觉冲击效果，因为其阅读的方式与出版物不太一样，放置的环境也不一样，所以它的版面风格有别于其他印刷物。

图 3-2　纽约和阿姆斯特丹——Pop Up 展览 / 设计公司：OK200 工作室

由 OK200 工作室为展览设计的海报和宣传页是采用丝网印刷工艺制作而成的，参展的艺术家来自阿姆斯特丹和纽约。他们将哈哈报背景中的一层文字印制在宣传页上，设计出 16 种不同的宣传页。

图 3-3　Designeyland/ 设计公司：Rational International/ 设计师：埃沃林·弗尔卡斯（Ivorin Vrkas）

Designeyland 在各种事件和活动中提供具有讽刺意味的游戏。“Designeland” 这个名字取自 “Disneyland”（迪士尼乐园）这个单词的谐音，同时两者有着相似的字形。宣传海报采用大量数字化的图形和艳丽的颜色以形成强烈的视觉冲击，重叠的不规则图形看起来千变万化。整个设计向人们展示一个自由和幻想的世界。

图 3-4　巴塞罗那 L'Auditori 音乐厅 / 设计公司：Toormix 工作室

这些作品是为巴塞罗那 L'Auditori 音乐厅设计的新的系列海报。一系列新图形元素是海报设计的主体，其创作理念是有趣的玩偶盒。

三、书籍和杂志的版式设计

书籍、杂志除了单页的精美版式设计以外，还需要考虑装订的形式、开本的大小、材质的选择和工艺的应用。书籍、杂志的版面需要连续性翻阅的连贯性，需要立体呈现的五感体验。

图 3-5 《对影丛书——文采画风》/ 设计者：吕敬人

2004 年“中国最美的书”获奖作品。看似黑白两册，实为一本书，可正反阅读，体现对话的感觉。

图 3-6 《朱熹千字文》/ 设计者：吕敬人

这是一本全新体验的触觉设计书籍。翻开这本书，木质雕版的封面，以及内页遒劲、粗犷的字迹仿佛从纸上立起来，镶嵌入一个古老的石碑，似乎让人感觉到当年刻书人手上的力度。这是吕敬人在设计此书时刻意寻找的感觉：“《朱熹千字文》原来是刻在石板上的，有一种刀劈斧斫的感觉，我希望人们能从设计中体会到这种力度，触摸到它的纹路。”

图 3-7 *Unfold Sound of Yoga*/ 设计师：马丁·西塔（Martin Sitta）

设计师为了体现简洁、干净、现代的感觉，在每个页面上加入了鲜明的标题，并仔细挑选照片，使其与字体和标题的风格相匹配。黑白空间、瑜伽摄影图片与每一个设计元素和谐搭配。整体风格统一，但每个版面都有变化，看起来充满吸引力。

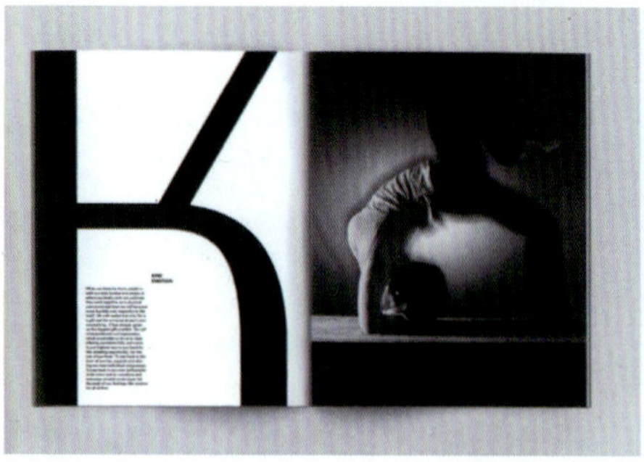

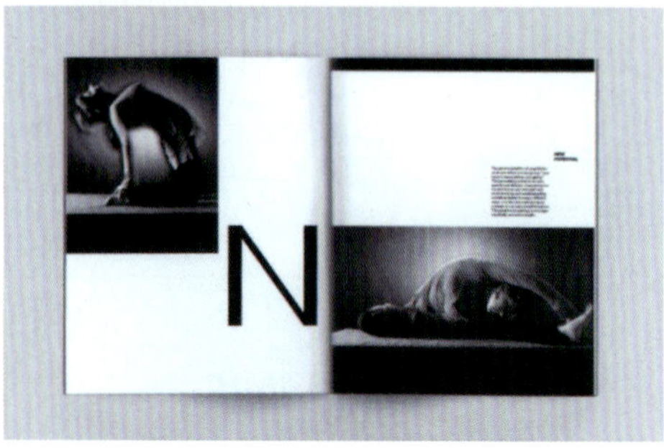

图 3-8 《私想着》/ 设计者：朱赢椿
2008 年“中国最美的书”获奖作品。

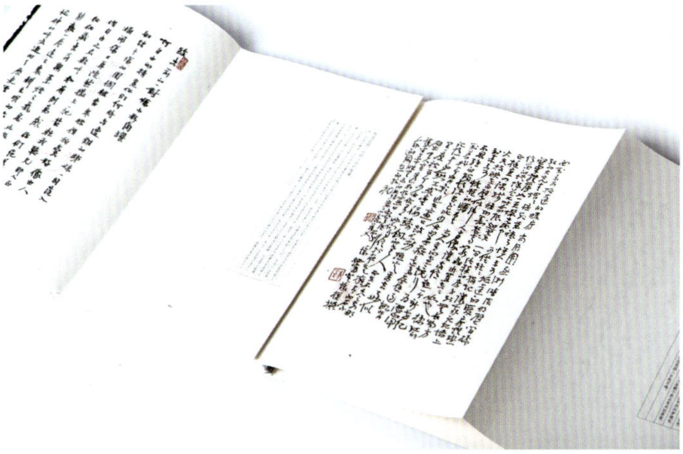

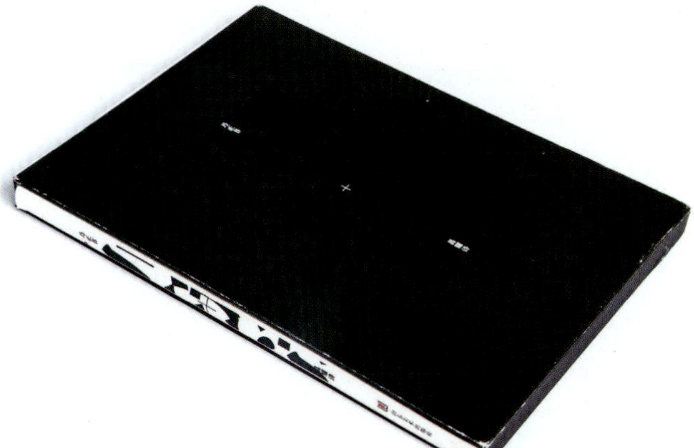

图 3-9 《乃正书 昌耀诗》/ 设计者：宋协伟、何君

2004 年“中国最美的书”获奖作品。作为诗人和书法家的两位挚友联手合成的双璧，本书收录了王昌耀的散文诗《高车》《峨日朵雪峰之侧》《莽原》《河西走廊古意》《雪乡》等近百首。为了体现书稿的感觉，纸张采用富有肌理的特种纸，加强了手写纸的感觉。全书的切口采用毛边的效果，同时着以黑色，与文中的白色形成强烈对比，更使毛边的质感得到强化。

图 3-10 《Solar 公司年报》

这是一本神奇的书，本书的设计对象是主要经营太阳能的澳大利亚 Solar 公司，设计者在策划其年报的时候希望通过一种特殊的方式展现公司的业务内容。因此设计者用了感光油墨，读者在室内打开年报会发现这是一本全白的书，没有一个文字，没有一张图片。但是当读者走出室外，在太阳光的作用下，年报的内容就会慢慢显露在读者面前，让人感受到了太阳的能量，这也正是太阳能的核心含义。这种全新的互动模式赋予书籍更深层次的含义，也更有效地展示出所服务的公司的业务及形象。

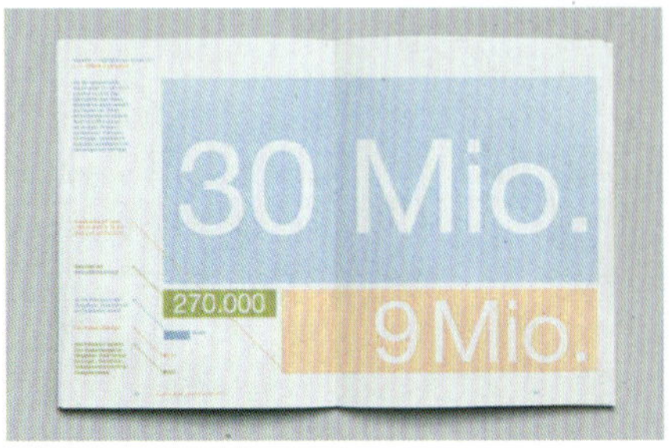

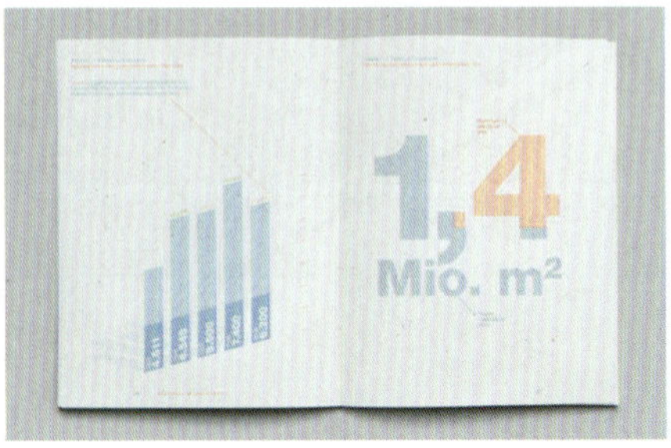

图 3-11　2012 Mikser 设计节宣传册及海报 / 设计公司：Lorem Ipsum 工作室

四、信息设计的版式设计

信息设计研究的是大规模非数值型信息资源的视觉呈现，通过利用图形、图像方面的技术与方法，帮助人们理解和分析数据。信息设计里涉及大量的图表、图形与文字的信息梳理，在呈现上也需要用版式设计的方式将信息体现得最具可读性，同时将视觉效果提升到最佳状态。

图 3-12 *Elephant* 杂志信息设计

图 3–13　Information graphics in context

图 3–14　Forest 信息设计

第一节　二维平面中的版式设计

第二节 三维立体中的版式设计

版式设计不仅仅存在于平面出版物的领域里，它还会从二维的平面设计延展到三维的立体设计中去，如环境视觉设计、地图设计、导向牌设计等，又如包装设计中的包装盒、包装袋设计等。

一、包装设计的版式设计

包装的主要功能是保护商品、传达商品信息、方便使用、方便运输、促进销售、提高产品附加值。其中，传达商品信息、促进销售都需要借助版式设计的知识来加以实现。除去包装中的文字、图像等基本要素的设计，还需要注意到包装使用方式的视觉流程、不同产品的材料选择，以及消费心理的接受度等。

图 3-15　可口可乐金属饮料瓶

金属容器上装饰画的应用热情奔放，新颖独特，具有个性的图形和版式设计，使包装对消费者具有独特的审美亲近力，这是包装的主要促销手段。

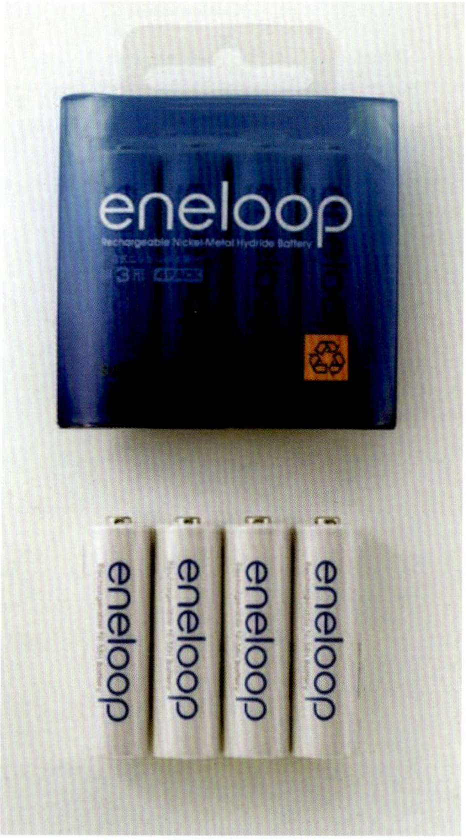

图 3-16　Eneloop 电池包装设计

天空的蓝与云朵的白体现了电池的环保主题。

图 3-17　酒包装设计

玻璃的特点在于晶莹，酒水的性格贵在剔透，二者完美结合使产品散发出迷人的气质。简洁的版式设计，恰到好处的色彩选择，对于定位的高端消费群体具有文化与审美方面的亲和力。

图 3-18　洗护包装设计

采用符号化的植物、几何等图样为瓶贴衬底，表达了产品的个性，视觉上富有流动性，可以激发观者的想象力。

二、环境视觉设计的版式设计

环境视觉设计包含两方面的含义：一是指用来标明方向、区域的视觉形式，二是指符号在环境空间中的表现形式。它看似是一个很立体、很空间的综合性设计，但是也离不开版式设计。从视觉符号在平面环境中的布局，到导向牌上信息内容的视觉呈现，都需要版式设计的理论支撑。

图 3-19　楼梯导向牌版式设计

图 3-20　城市公共艺术版式设计

图 3-21　Sign of times 导视系统设计

这是一套商业大厦的导视系统设计，为符合中高阶层白领的精英形象，整体色彩都是统一的高雅素净的白色，同时通过高级的材料质感表现丰富的细节。导视主要信息由巨大的立体字母传递，既是一种符号信息，又是环境设施的一部分。

第三节 四维时空中的版式设计

信息时代的到来，无形之中对传统的纸质出版物有了很大的影响。电子技术的发展，使新媒体出版物比传统纸质出版物增添了音效、动态图像、视频等四维空间里的效果，使读者能够与出版物产生更多形式的互动。电子媒体能够通过动态的方式将一些晦涩难懂的内容变得简单明了，能够通过音效的方式将一些情感烘托诠释得更加精准到位，使得读者能够在最大范围内进行更深入的阅读，并获取全方位的信息。

一、PC 终端的版式设计

PC 终端的版面基本以网站的形式体现，其视觉载体为计算机显示屏。其版面的大小会因为显示屏的大小不同而不一样。浏览者主要用鼠标的点击与其发生互动。

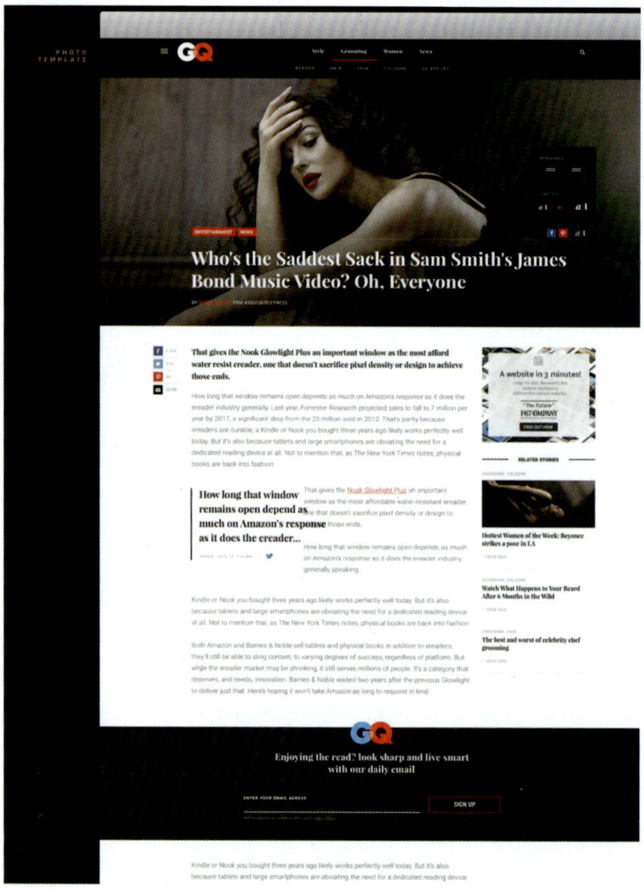

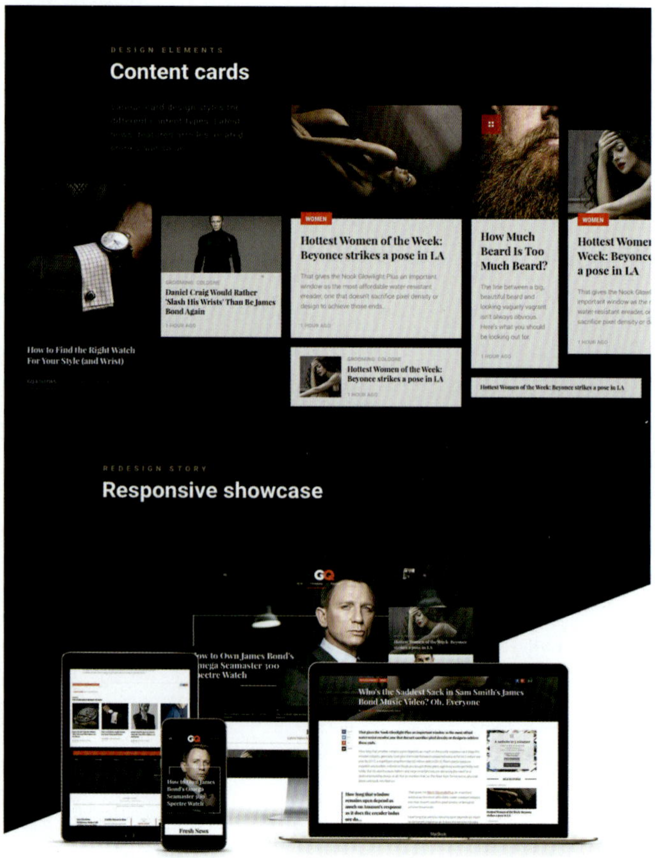

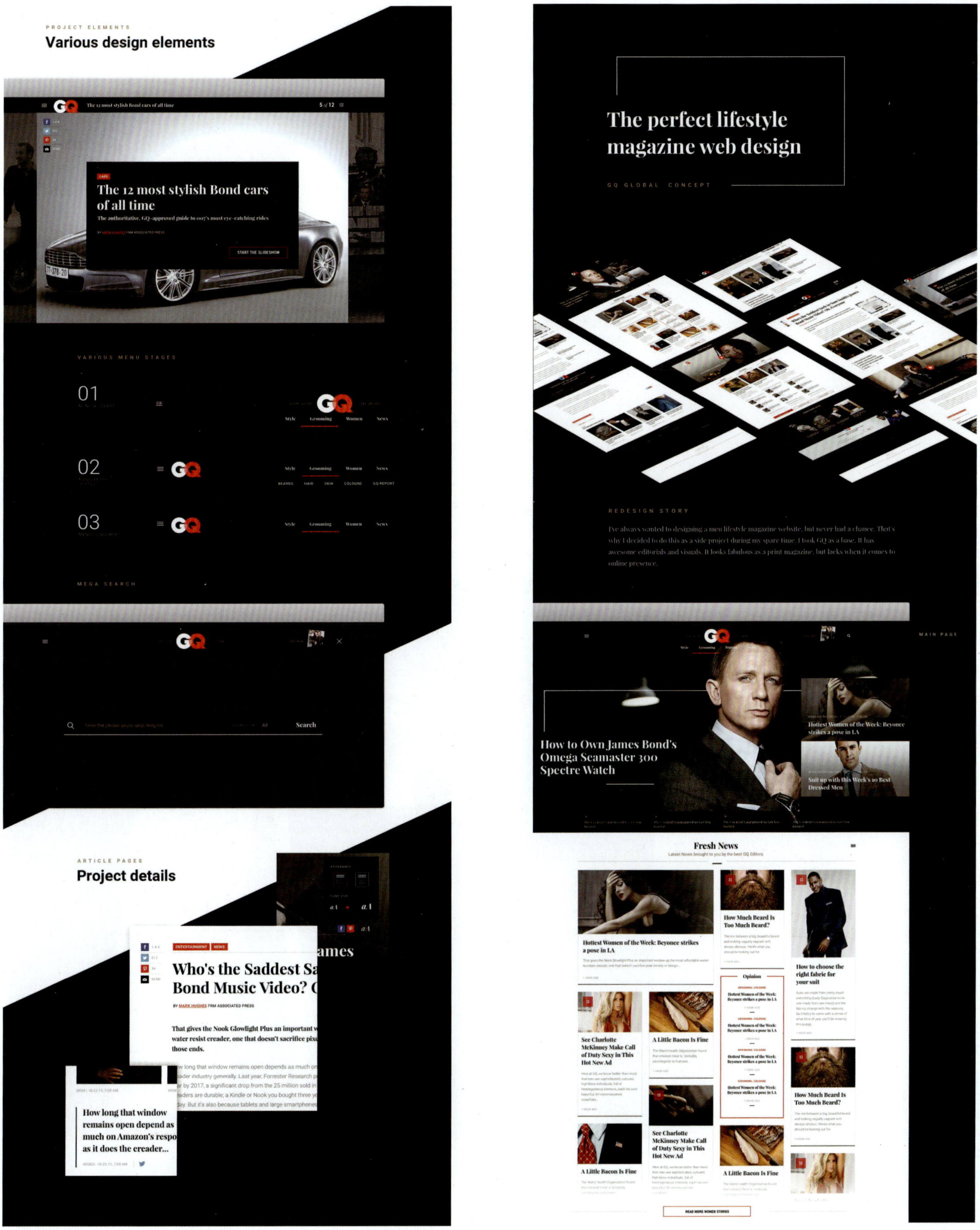

图 3-22　GQ Online Redesign Concept

二、移动终端的版式设计

移动终端的版面基本以智能手机、平板计算机为主要载体，也是现在电子出版物的主流载体。其阅读方式与传统出版物类似，都是读者近距离阅读，甚至能模拟纸质书籍翻页的感觉。不一样的地方在于：虽然移动终端缺少了材质的触感，也不可能有嗅觉的体验，但是增添了更多听觉、动态视觉的效果。

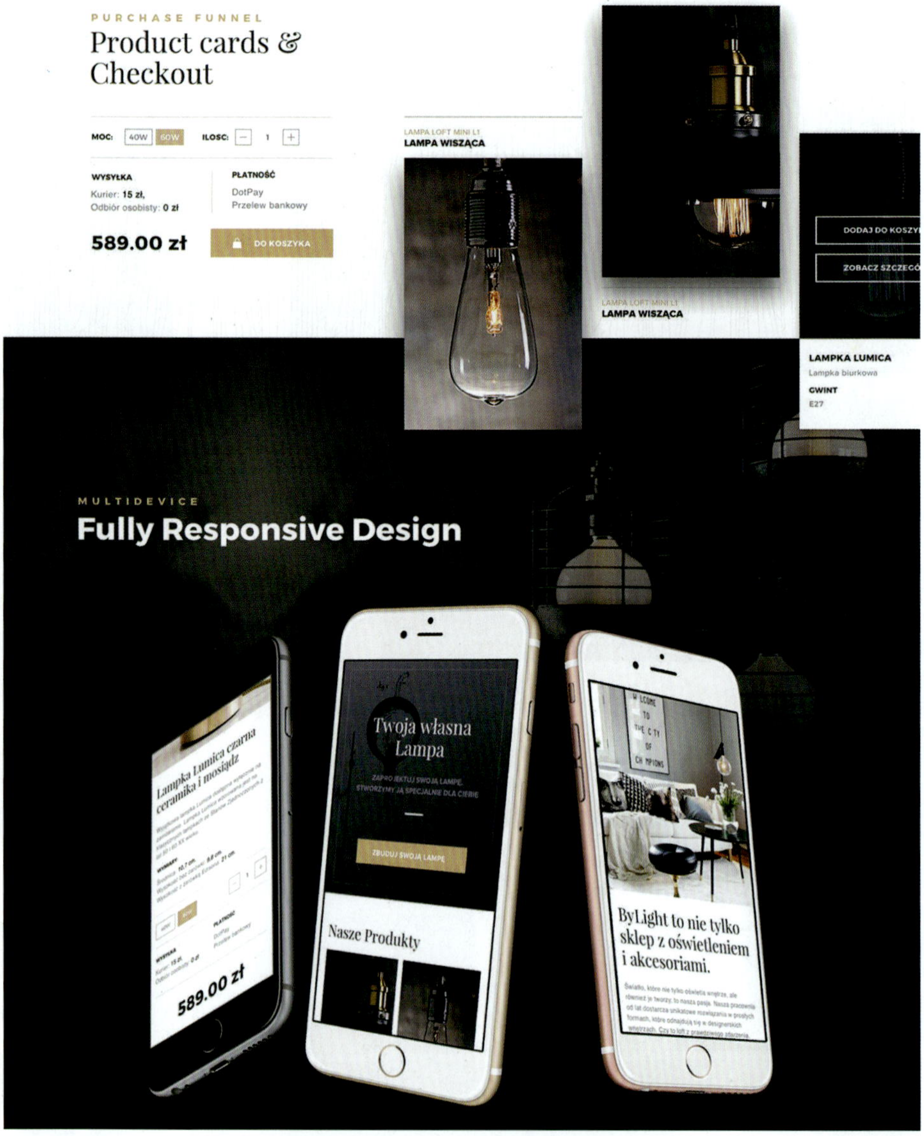

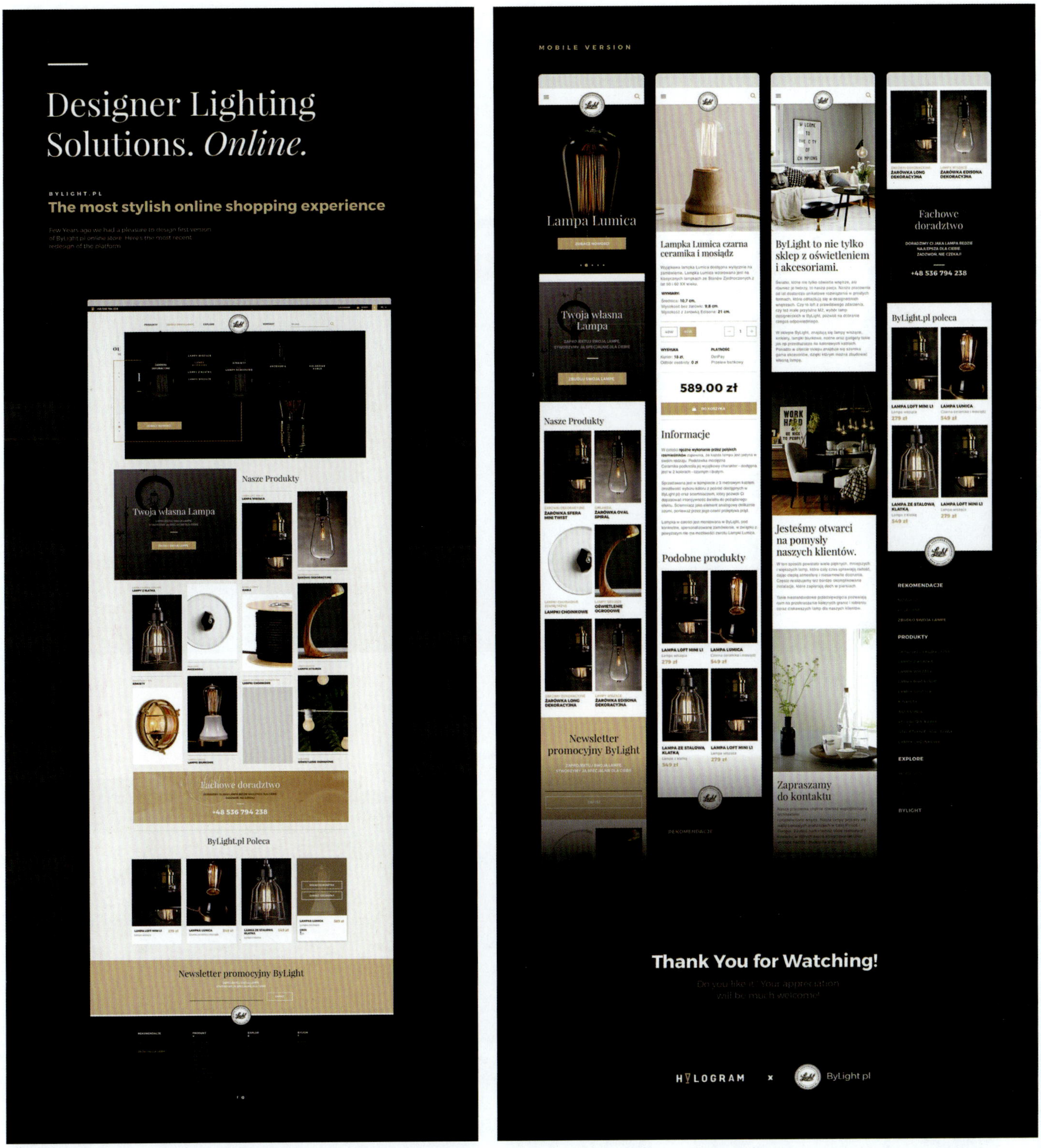

图 3–23　ByLight 2.0 网页及移动终端版式设计

三、其他媒体的版式设计

其他还有如户外电子显示屏等宣传媒体，其与传统的户外宣传不一样的地方在于它有动态的效果，增添了四维的时间变化，使得版面的设计更加丰富多样。除了利用电子显示屏的方式以外，还有利用投影技术的互动装置和户外宣传设计。

图 3-24　数字显示广告海报（Digital Ad Poster）

图 3-25　Loads of Kisses to the Beloved Ones 电子海报

图 3-26　地铁电子海报

图 3-27　Porto 户外电子海报

图 3-28　户外电子海报

图 3-29　美妙空间（Engaging Space Display）

美妙空间是 Dalziel and Pow 公司在 2015 年零售设计博览会上的展出项目。整个空间的展板上绘有 48 个不同的图形，当游客触摸图形时会播放动画，与游客产生互动。每个图形都对应了一个动态的效果，有的简单，如按下灯泡会发光；有的复杂，如树木从砍下开始的加工过程。无论是简单还是复杂的变化均透出了相当的趣味性，吸引了大批的游客。这些图形都是日常常见的物件，如鞋子、房子和乐器等。游客能与展板形成一种交流，动态的展示显然更加生动。制作时采用可导电的油墨来感知游客的触摸行为，同时在展板夹层中添加电路板来实现动画的播放。

参考文献

[1] 吕敬人 . 书籍设计：书艺问道 [M]. 北京：中国青年出版社，2009.
[2] 度本图书 . 版式设计 +2 ：给你灵感的全球最佳版式创意方案 [M]. 北京：中国青年出版社，2014.
[3] 金伯利・伊拉姆 . 网格系统与版式设计 [M]. 王昊，译 . 上海：上海人民美术出版社，2013.
[4] 蒂莫西・萨马拉 . 塑造和突破网格：平面设计布局研究 [M]. 王飞飞，等，译 . 北京：电子工业出版社，2014.
[5] 黄永年 . 古籍版本学 [M]. 南京：江苏教育出版社，2009.
[6] 伊达千代，内藤孝彦 . 版式设计的原理 [M]. 周淳，译 . 北京：中信出版社，2011.
[7] 杨永德 . 中国古代书籍装帧 [M]. 北京：人民美术出版社，2006.
[8] 张秀民 . 中国印刷史 [M]. 韩琦，增订 . 杭州：浙江古籍出版社，2006.
[9] 王绍强 . 书形：138 种创意书籍和印刷纸品设计 [M]. 北京：中国青年出版社，2012.
[10] 别内尔特，关木子 . 书籍设计 [M]. 贺丽，译 . 沈阳：辽宁科学技术出版社，2012.
[11] 罗杰・福塞特 - 唐 . 装帧设计：书籍・宣传册・目录 [M]. 黄蔚，译 . 北京：中国纺织出版社，2004.
[12] 赵健 . 范式革命：中国现代书籍设计的发端（1862—1937）[M]. 北京：人民美术出版社，2011.
[13] 善本出版有限公司 . 书艺 ART IN BOOK [M]. 李萍，译 . 北京：北京美术摄影出版社，2012.
[14] 故宫博物院 . 尽善尽美：殿本精华 [M]. 北京：紫禁城出版社，2009.
[15] 安德鲁・哈斯兰 . 书设计・设计书 [M]. 陈建铭，译 . 台湾：原点出版社，2009.
[16] 吕敬人 . 书戏：当代中国书籍设计家 40 人 [M]. 王昕，译 . 广州：南方日报出版社，2007.
[17] 李捷 . 藏品・书海泛舟 [J]. 哈尔滨：现代经济信息杂志社，2010.
[18] 耿相新 . 中国简帛书籍史 [M]. 北京：生活・读书・新知三联书店，2011.
[19] 钱永兴 . 民间日用雕版印刷品图志 [M]. 扬州：广陵书社，2010.
[20] 罗树宝 . 中国古代图书印刷史：彩图本 [M]. 长沙：岳麓书社，2008.
[21] 任继愈 . 中国藏书楼 [M]. 沈阳：辽宁人民出版社，2009.

专业网站链接

Behance　https://www.behance.net
视觉中国　http://www.shijue.me
标志电台　http://www.logoair.com
bookdesignblog　http://thebookdesignblog.com
书籍设计网　http://bookdesign.artron.net
novum 德国平面设计杂志　http://www.novumnet.de
IDEA 意念・日本平面印刷创意设计杂志　http://www.idea-mag.com
假杂志　http://blog.jiazazhi.com
Simple Style　http://www.simple-style.com
Nieve　http://www.nieves.ch
nos:books　http://www.nosbooks.com
香蕉鱼　http://a-perfect-book-for-bananafish.com
RMM（Readymade Magazine）　https://shop.the-readymade.com

后记

POSTSCRIPT

本书的编写，是在新时代版式设计的现状以及版式设计教育基础上进行的一次全新的思考，它力求放眼国际版式设计，传播中国传统文化，结合优秀案例，畅谈自身的认知与感受，并结合教学实践完成。本书还在阐述版式设计整体规划的重要性、倡导版式设计的新概念方面做了认真的探索，希望能给读者在设计版式时带来某些感悟，从中汲取智慧与精华。

一本书的出版，犹如一个生命的孕育。回想编写本书时的一幕幕场景，既欣慰又期盼，希望我的这点点感受能与大家分享，希望借此书与设计界、教育界的同仁共勉。

在本书的撰写过程中，江南大学设计学院视觉传达设计专业的同学为本书提供了优秀的作业范例，在此深表谢意。特别感谢林家阳、魏洁、陈原川老师以及我的父亲对本书的宝贵指导。感谢朱新蕾、王静贤同学为本书的图片整理所做的辛勤工作。本书在论述的过程中引用了一些来自国内外设计同行的相关论点和作品，由于时间仓促，未能与所有作者取得联系，在此表示真诚的歉意与衷心的感谢。限于编者的经验和水平，书中难免有疏漏与不足，恳请有关专家、同行批评指正。

姜 靓

2016 年 6 月